重庆市本科高校"三特行动计划"特色专业建设资金资助

应用化学专业实验

主　编　魏星跃　方　玲　李　宁

副主编　陈盛明　卓　琳　贺有周

西南交通大学出版社

·成　都·

图书在版编目（ＣＩＰ）数据

应用化学专业实验／魏星跃，方玲，李宁主编. —
成都：西南交通大学出版社，2016.4
ISBN 978-7-5643-4665-2

Ⅰ. ①应… Ⅱ. ①魏… ②方… ③李… Ⅲ. ①应用化
学－化学实验－高等学校－教材 Ⅳ. ①O69-33

中国版本图书馆 CIP 数据核字（2016）第 085546 号

应用化学专业实验

主编　魏星跃　方　玲　李　宁

| 责 任 编 辑 | 牛　君 |
| 封 面 设 计 | 墨创文化 |

出 版 发 行	西南交通大学出版社 （四川省成都市二环路北一段 111 号 西南交通大学创新大厦 21 楼）
发 行 部 电 话	028-87600564　028-87600533
邮 政 编 码	610031
网　　　址	http://www.xnjdcbs.com
印　　　刷	四川森林印务有限责任公司
成 品 尺 寸	185 mm × 260 mm
印　　　张	11
字　　　数	275 千
版　　　次	2016 年 4 月第 1 版
印　　　次	2016 年 4 月第 1 次
书　　　号	ISBN 978-7-5643-4665-2
定　　　价	29.50 元

前　言

应用化学是一门以培养学生具备化学方面的基础知识、基本理论、基本技能以及相关的工程技术知识和较强的实验技能，具有化学基础研究和应用研究方面的科学思维和科学实验技能为目标的一门学科。实验教学在学生培养过程中占有极其重要的地位，因而，需要认真设置实验内容。

目前，我国应用化学的实验教材内容仍然比较传统，某些实验内容已落后于时代的发展，不能适应 21 世纪大数据时代背景下高等教育和化学工业的发展。为此，根据应用化学专业发展和化学化工、材料等行业发展的需要，我们结合学科发展和现代分析技术的进步，在本书中编入大量现代仪器分析技术、新的制备分离技术，并考虑到化学化工行业的特殊性，特别加强了实验安全教育方面的篇幅。本书具有以下特点：

（1）在选材和设计上，遵循基础性、时代性、知识性和实用性相结合的原则，内容由浅入深，融入了大量的现代仪器分析技术，让学生既能学习现代仪器的基本原理和适用范围，还能同时掌握仪器操作技术，是专业书籍的有益补充。

（2）突出体现了现代合成与现代分离、分析技术的结合，在合成实验后，进行了现代仪器表征。本书对典型化合物附有 IR 和 ^{1}H NMR 标准谱图，给学生提供更多训练的机会，具有巩固性、启发性、研究性。

（3）兼顾实验的实用性、代表性和趣味性，加大了综合性实验和设计性实验的比例，体现专业科研新方向，拓展学生的知识面和应用专业知识的综合能力。同时，强调实验室的安全规范，减少环境污染，突出"绿色化学"的理念。

本书由重庆工商大学应用化学系教师和重庆市化学技术市级实验教学示范中心组成的实验教学团队共同编写，取材多来自于自编实验讲义，在长期使用过程中，受到学生的广泛欢迎，经过多年不断修改完善，终成此书。全书由魏星跃统稿，方玲、李宁、张杰、郭威威校稿。参与编写的还有卓琳、陈盛明、贺有周。具体分工如下：第一章：李宁、贺有周；第二章：卓琳；第三章：魏星跃；第四章：方玲；第五章：陈盛明。

本书可作为高等院校化学工程与工艺、应用化学、材料科学与工程等相关专业本科生的教材，也可作为相关专业研究生、技术人员的参考资料。

本书在编写过程中，参考和精选了国内外公开出版的教材和专著的，并吸取了部分内容，在此表示衷心的感谢！

本教材获重庆市本科高校"三特行动计划"特色专业建设资金资助，也得到了学校的大力支持，在此一并表示感谢！

由于编者水平有限，书中难免存在不妥之处，敬请读者批评指正。

编　者

2015 年 10 月

目　录

1 绪　论

1.1　应用化学专业实验的教学目的和要求

通过应用化学专业实验课程的训练，使学生的实验操作技能和解决实际问题的能力有较大程度的提高，并掌握较多的精细化学品的制备技术，为将来从事精细化学品的研究、开发、生产及应用打下良好的实验基础。通过本课程的实验练习，要求学生了解并掌握精细有机化学品某些典型产品的实验室制备工艺过程，学会正确使用各种实验仪器设备，具有综合运用所学知识解决精细有机化工产品的科研、生产、开发、应用等遇到的问题的能力。

学生应认真做好应用化学专业实验，勤于动手、勇于钻研、敢于实践，自觉地在实验过程中打好扎实的实验基本功，逐步培养独立从事科学研究工作的能力。

1.2　实验室注意事项和安全条例

1.2.1　实验室注意事项

（1）进入实验室必须了解实验室规则及实验安全条例。

（2）爱护财物，未掌握仪器、设备使用方法者不得动用；如有损坏，要填写损坏单，酌情赔偿。

（3）未经教师允许不得进行实验；实验开始前应检查仪器是否完整无损，装置是否正确，在征得指导教师同意后，才可进行实验；实验完成后必须经教师检查后才能离开。

（4）实验结束后要将仪器、药品、工具等放回原处。

（5）保持实验台及周围的整齐、清洁，实验台上不放与该实验无关的东西。

（6）实验室内不能吃东西，实验试剂不得入口，不能将实验室的器皿用作非实验之用，实验完后必须洗净双手。

（7）实验时要严肃认真，仔细观察现象；保持实验室内安静，不得高声喧哗，不能做与实验无关的事；实验进行时，不得擅自离开岗位，要注意观察反应进行的情况和装置有无漏气和破裂等现象。

（8）当进行有可能发生危险的实验时，要根据实验情况采取必要的安全措施，如戴防护眼镜、面罩或橡皮手套等，但不能戴隐形眼镜。

（9）使用易燃、易爆药品时，应远离火源。

（10）熟悉安全用具如灭火器材、沙箱以及急救药箱的放置地点和使用方法，并妥善爱护。安全用具和急救药品不准移作他用。

（11）实验完毕离开实验室时，必须将水、电、门、窗关好，并对整个实验室进行整理。

（12）如发生事故，不要惊慌失措，应听从老师指挥，积极想办法抢救。

1.2.2　实验室安全操作规程

虽然在以前学过的各实验课中，学生已经接受过有关实验室的安全教育，但是在专业实验过程中，所使用的化学品可能是易燃、易爆、有毒、有腐蚀性的，常常潜藏着如发生爆炸、着火、中毒、灼伤、割伤、触电等事故的危险性；所涉及的大型仪器价格昂贵，若损坏会造成极大的损失。所以，必须严格执行安全操作规程，加强安全措施，防止事故发生。因此，在进行应用化学实验特别是专业实验、研究与开发实验之前，有必要再次对学生进行安全教育。

1.2.2.1　安全用电常识

违章用电常常可能造成人身伤亡、火灾、损坏仪器设备等严重事故。为保障人身安全，一定要遵守实验室安全规则。

1. 防止触电

（1）不用潮湿的手接触电器。

（2）电源裸露部分应有绝缘装置（如电线接头处应裹上绝缘胶布）。

（3）所有电器的金属外壳都应保护接地。

（4）实验时，应先连接好电路，再接通电源。实验结束时，先切断电源，再拆线路。

（5）修理或安装电器时，应先切断电源。

（6）不能用试电笔去试高压电。使用高压电源应有专门的防护措施。

（7）如有人触电，应迅速切断电源，然后进行抢救。

2. 防止引起火灾

（1）使用的保险丝要与实验室允许的用电量相符。

（2）电线的安全通电量应大于用电功率。

（3）室内若有氢气、煤气等易燃易爆气体，应避免产生电火花。继电器工作和开关电闸时，易产生电火花，要特别小心。电器接触点（如电插头）接触不良时，应及时修理或更换。

（4）如遇电线起火，立即切断电源，用沙或二氧化碳、四氯化碳灭火器灭火，禁止用水或泡沫灭火器等导电液体灭火。

3. 防止短路

（1）线路中各接点应牢固，电路元件两端接头不要互相接触，以防短路。

（2）电线、电器不能被水淋湿或浸在导电液体中，例如，实验室加热用的灯泡接口不要浸在水中。

4. 电器仪表的安全使用

（1）在使用前，先了解电器仪表要求使用的电源是交流电还是直流电，是三相电还是单相电以及电压的大小（380 V、220 V、110 V 或 6 V）。必须弄清电器功率是否符合要求及直流电器仪表的正、负极。

（2）仪表量程应大于待测量的值。待测量大小不明时，应从最大量程开始测量。

（3）实验之前要检查线路连接是否正确。经教师检查同意后方可接通电源。

（4）在电器仪表使用过程中，如发现有不正常声响，局部温度升高或闻到绝缘漆过热产生的焦味，应立即切断电源，并报告教师进行检查。

1.2.2.2 使用化学药品的安全防护

1. 防 毒

化学物质侵入机体引起伤害的途径主要有：吸入、食入和经皮肤吸收。但某物质对机体造成的伤害总是同进入体内的量相联系的，不应该简单地说某种物质有毒有害。不恰当的侵入会引起机体生理功能或正常结构的病理改变，危害健康；恰当地摄入一些物质对人体并无害处。我国对空气中有害物质的最高容许浓度有明确的规定，以保证处在该环境中的人不致发生急性和慢性职业性危害而维护人体健康。

化学物质的毒性常用引起实验动物某种毒性反应所需的剂量表示，如半数致死量或浓度（LD_{50} 或 LC_{50}），即中毒动物半数死亡的剂量或浓度。根据 LD_{50}，化学物质的急性毒性分为剧毒、高毒、中等毒、低毒、微毒五级（表 1.1）。这种分级法是一个便于比较的相对指标。

表 1.1　化学物质的急性毒性分级

毒性分级	大鼠一次经口 $LD_{50}/mg \cdot kg^{-1}$	6 只大鼠吸入 4 h 死亡 2~4 只的浓度 $/mg \cdot kg^{-1}$	兔涂皮时 $LD_{50}/mg \cdot kg^{-1}$	对人可能致死量	
				$mg \cdot kg^{-1}$	总量/g（60 kg 体重）
剧毒	< 1	< 10	< 5	< 0.05	0.1
高毒	1~49	10~99	5~43	0.05~0.49	3
中等毒	50~499	100~999	44~349	0.5~4.9	30
低毒	500~4 999	1 000~9 999	350~2 179	5~14	250
微毒	> 5 000	> 10 000	> 2 180	> 15	>1 000

大多数化学药品都有不同程度的毒性。有毒化学药品可通过呼吸道、消化道和皮肤进入人体而引起中毒现象。例如，HF 侵入人体，将会损伤牙齿、骨骼、造血和神经系统；烃、醇、醚等有机物对人体有不同程度的麻醉作用；三氧化二砷、氰化物、氯化汞等是剧毒品，吸入少量即会致死。

防毒应注意以下几点：

（1）实验前应了解所用药品的毒性、性能和防护措施。

（2）操作有毒气体（如 H_2S、Cl_2、Br_2、NO_2、浓 HCl 和 HF 等）应在通风橱内进行。

（3）苯、四氯化碳、乙醚、硝基苯等的蒸气会引起中毒。它们虽有特殊气味，但久嗅会使人嗅觉减弱，必须高度警惕，应在通风良好的情况下使用。

（4）有些药品（如苯、汞等）能透过皮肤进入人体，应避免其与皮肤接触。

汞是化学实验室的常用物质，毒性很大，且进入体内不易排出，形成积累性中毒；汞盐（如 $HgCl_2$）0.1～0.3 g 可致死；室温下，汞的蒸气压为 0.16 Pa，比安全浓度标准大 100 倍。

安全使用汞的操作规定：

① 汞不能直接暴露于空气中，其上应加水或其他液体覆盖。

② 任何剩余量的汞均不能倒入下水道中。

③ 储汞容器必须是结实的厚壁器皿，且器皿应放在瓷盘上。

④ 装汞的容器应远离热源。

⑤ 万一汞掉在地上、台面或水槽中，应尽可能用吸管将汞珠收集起来，再用能形成汞齐的金属片（Zn，Cu，Sn 等）在汞溅落处多次扫过，最后用硫黄粉覆盖。

⑥ 实验室要通风良好。

⑦ 手上有伤口时，切勿接触汞。

（5）氰化物、汞盐〔$HgCl_2$、$Hg(NO_3)_2$ 等〕、可溶性钡盐（$BaCl_2$）、重金属盐（如镉、铅盐）、三氧化二砷等剧毒药品应妥善保管，使用时要特别小心。

（6）禁止在实验室内喝水、吃东西。饮食用具不要带进实验室，以防毒物污染。离开实验室及饭前要洗净双手。

2. 防 爆

化学药品的爆炸分为支链爆炸和热爆炸。

氢、乙烯、乙炔、苯、乙醇、乙醚、丙酮、乙酸乙酯、一氧化碳、水煤气和氨气等可燃性气体与空气混合至爆炸极限，一旦有热源诱发，极易发生支链爆炸。一些气体的爆炸极限见表 1.2。

表 1.2　与空气混合的某些气体的爆炸极限（20 ℃，1×10^5 Pa）

气　体	爆炸高限/%（体积分数）	爆炸低限/%（体积分数）	气　体	爆炸高限/%（体积分数）	爆炸低限/%（体积分数）
氢	74.2	4.0	醋酸	—	4.1
乙烯	28.6	2.8	乙酸乙酯	11.4	2.2
乙炔	80.0	2.5	一氧化碳	74.2	12.5
苯	6.8	1.4	水煤气	72.0	7.0
乙醇	19.0	3.3	煤气	32.0	5.3
乙醚	36.5	1.9	氨	27.0	15.5
丙酮	12.8	2.6			

过氧化物、高氯酸盐、叠氮铅、乙炔铜、三硝基甲苯等易爆物质，受震或受热可能发生热爆炸。

对于防止支链爆炸，主要是防止可燃性气体或蒸气散失在室内空气中，保持室内通风良好。当大量使用可燃性气体时，应严禁使用明火和可能产生电火花的电器。对于预防热爆炸，强氧化剂和强还原剂必须分开存放，使用时轻拿轻放，远离热源。

防爆应具体注意以下几点：

（1）使用可燃性气体时，要防止气体逸出，室内通风应良好。

（2）操作大量可燃性气体时，严禁同时使用明火，还要防止发生电火花及其他撞击火花。

（3）叠氮铝、乙炔银、乙炔铜、高氯酸盐、过氧化物等药品受震和受热都易引起爆炸，使用要特别小心。

（4）严禁将强氧化剂和强还原剂放在一起。

（5）久存的乙醚使用前应除去其中可能产生的过氧化物。

（6）进行容易引起爆炸的实验时，应有防爆措施。

3. 防　火

防火应注意以下几点：

（1）许多有机溶剂如乙醚、丙酮、乙醇、苯等非常容易燃烧，大量使用时室内不能有明火、电火花或静电放电。实验室内不可存放过多这类药品，用后要及时回收处理，不可倒入下水道，以免聚集引起火灾。

（2）有些物质如磷、金属钠、钾、电石及金属氢化物等，在空气中易氧化自燃。这些物质要隔绝空气保存，使用时要特别小心，尤其不宜与水直接接触。

（3）防止煤气管、煤气灯漏气，使用煤气后一定要把阀门关好。

物质燃烧需具备三个条件：可燃物质、氧气或氧化剂、一定的温度。

一旦发生火情，应冷静判断情况，采取措施，如隔绝氧的供应，降低燃烧物质的温度，将可燃物质与火焰隔离等办法。常用来灭火的有水、沙以及二氧化碳灭火器、四氯化碳灭火器、泡沫灭火器、干粉灭火器等，可根据着火原因和场所情况正确选用。

水是最常用的灭火物质，可以降低燃烧物质的温度，并且形成"水蒸气幕"，能在相当长时间内阻止空气接近燃烧物质。但是，应注意起火地点的具体情况。

（1）有金属钠、钾、镁、铝粉、电石、过氧化钠等，采用干沙等灭火。

（2）对易燃液体（密度比水小，如汽油、苯、丙酮等）的灭火，采用泡沫灭火剂更有效，因为泡沫比易燃液体轻，覆盖在上面可隔绝空气。

（3）对有灼烧的金属或熔融物的地方，应采用干沙或固体粉末灭火器。

（4）电器设备或带电系统着火，用二氧化碳灭火器或四氯化碳灭火器较适合。

上述四种情况均不能用水，因为有的可以生成氢气等，使火势加大甚至引起爆炸，有的会发生触电等；同时也不能用四氯化碳灭碱土金属的着火。另外，四氯化碳有毒，在室内救火时最好不用。

灭火时不能慌乱，防止在灭火过程中再打碎可燃物的容器。平时应知道各种灭火器材的使用和存放地点。

4. 防灼伤

强酸、强碱、强氧化剂、溴、磷、钠、钾、苯酚、冰醋酸等都会腐蚀皮肤，特别要防止溅入眼内。液氧、液氮等低温液体也会严重灼伤皮肤，使用时要小心。万一发生灼伤应及时治疗。

1.2.2.3 高压钢瓶的使用及注意事项

气体钢瓶是储存压缩气体（氢气、氮气和氧气等）和液化气（如液氨和液氯等）的高压容器，容积一般为 40~60 L，最高工作压力为 1.5 MPa，最低的为 0.6 MPa。在钢瓶的肩部有用钢印打出的标记：制造厂、制造日期、气瓶型号、编号、气体质量、气体容积、工作压力、水压试验压力、水压试验日期和下次送验日期。

当钢瓶受到撞击或高温时会有发生爆炸的危险。另外，有一些压缩气体或液化气体有剧毒，一旦泄漏，将造成严重的后果。因此，在应用化学专业实验中，学习正确、安全地使用各种压缩气体或液化气体钢瓶是十分重要的。使用钢瓶时，必须注意下列事项：

（1）在气体钢瓶使用前，要按照钢瓶外表油漆颜色、字样等正确识别气体种类（表 1.3），切勿误用，以免造成事故。如钢瓶使用时间久后色标脱落，应及时按上述规定进行漆色、标注气体名称和涂刷横条。

表 1.3 我国气体钢瓶常用标记

气体类别	瓶身颜色	标字颜色	字 样
氮气	黑	黄	氮
氧气	天蓝	黑	氧
氢气	深蓝	红	氢
压缩空气	黑	白	压缩空气
二氧化碳	黑	黄	二氧化碳
氨气	灰	绿	氨
液氨	黄	黑	氨
氯气	草绿	白黄	氯
乙炔	白	红	乙炔
氟氯烷	铝白	黑	氟氯烷
石油气体	灰	红	石油气
氩气	灰	绿	氩

（2）气体钢瓶在运输、储存和使用时，注意勿使其与其他坚硬物体撞击，或暴晒在烈日下以及靠近高温处，以免引起钢瓶爆炸。钢瓶应当定期进行安全检查，如进行水压试验、气密性试验和壁厚测定等。

（3）严禁油脂等有机物油沾污氧气钢瓶，因为油脂遇到逸出的氧气可能燃烧；如已有油脂沾污，则应立即用四氯化碳洗净。氢气、氧气或可燃气体钢瓶严禁靠近明火。

（4）存放氢气钢瓶或其他可燃性气体钢瓶的房间要注意通风，以免漏出的氢气或可燃性气体与空气混合后遇到火种发生爆炸。室内的照明灯及所有通风均应防爆。

（5）原则上有毒气体（如液氯等）钢瓶应单独存放，严防有毒气体逸出，注意室内通风。最好在存放有毒气体钢瓶的室内设置毒气鉴定装置。

（6）若两种钢瓶中的气体接触后可能引起燃烧或爆炸，则这两种钢瓶不能存放在一起，如氢气瓶和氧气瓶、氢气瓶和氯气瓶等。氧、液氯、压缩空气等助燃气体钢瓶严禁与易燃物品放置在一起。

（7）钢瓶应放在阴凉、远离电源、热源（如阳光、暖气、炉火等）的地方，并加以固定，防止滚动或跌倒。为确保安全，最好在钢瓶外面装置橡胶防震圈。液化气体钢瓶使用时一定要直立放置，禁止倒置使用。

（8）高压钢瓶必须安装好减压阀后方可使用。一般地，可燃性气体钢瓶上阀门的螺纹为反扣的（如氢、乙炔），其他的则为正扣的。各种减压阀绝不能混用。开、闭气阀时，操作人员应避开瓶口方向，站在侧面，并缓慢操作，不能猛开阀门。

（9）钢瓶内气体不能全部用尽，要留下一些气体，一般应保持表压在 0.5 MPa 以上，以防止外界空气进入气体钢瓶，在重新灌气时发生危险。

（10）钢瓶必须定期送交检验，检验合格的钢瓶才能充气使用。使用中的气瓶每三年应检查一次，装腐蚀性气体的钢瓶每两年检查一次，不合格的气瓶不可继续使用。

安装在气体钢瓶上的氧气减压阀如图 1.1 所示，其结构如图 1.2 所示。氧气减压阀的高压腔与钢瓶连接，低压腔为气体出口，并通往使用系统。高压表的示值为钢瓶内存储气体的压力。低压表的出口压力可由调节螺杆控制。

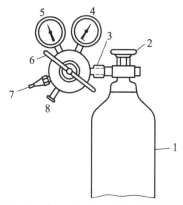

图 1.1　安装在气体钢瓶上的氧气减压阀

1—钢瓶；2—钢瓶开关；3—钢瓶与减压表连接螺母；
4—高压表；5—低压表；6—低压表压力调节螺杆；7—出口；8—安全阀

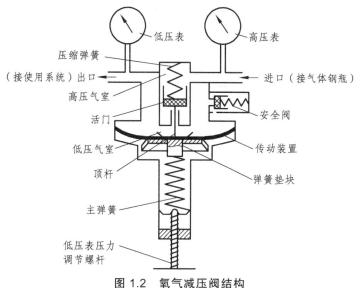

图 1.2　氧气减压阀结构

气体钢瓶的使用步骤：

（1）在钢瓶上装上配套的减压阀。检查减压阀是否关紧，方法是逆时针旋转调压手柄至螺杆松动为止。

（2）打开钢瓶总阀门，此时高压表显示出瓶内储气总压力。

（3）慢慢地顺时针转动低压表压力调节螺杆，使其压缩主弹簧并传动薄膜、弹簧垫块和顶杆而将活门打开。这样进口的高压气体由高压室经节流减压后进入低压室，并经出口通往工作系统。转动调节螺杆，改变活门开启的高度，从而调节高压气体的通过量并达到所需的压力值。

（4）停止使用时，先关闭总阀门，待减压阀中余气逸尽后，再关闭减压阀。

减压阀都装有安全阀。它是保护减压阀并使之安全使用的装置，也是减压阀出现故障时的信号装置。如果由于活门垫、活门损坏或者其他原因，导致出口压力自行上升并超过一定的许可值，安全阀会自动打开排气。

注意：

（1）根据使用要求的不同，氧气减压阀有多种规格。最高进口压力大多为 15 MPa，最低进口压力应不小于出口压力的 2.5 倍。出口压力规格较多，最低为 0~0.1 MPa，最高为 0~0.4 MPa。

（2）安装减压阀时应确定其连接尺寸规格是否与钢瓶和使用系统的接头相一致，接头处需用垫圈。安装前需瞬时开启气瓶阀吹除灰尘，以免带进杂质。

（3）氧气减压阀严禁接触油脂，以免发生火灾事故。减压阀及扳手上的油污应用乙醇擦去。

（4）停止工作时，应将减压阀中的余气放净，然后拧松调节螺杆以免弹性元件长久受压变形。

（5）减压阀应避免撞击振动。

（6）不可与腐蚀性物质接触。

1.3 实验室三废处理规范

为了保护校园优美、清洁的自然环境及实验人员的身心健康，减少"三废"（废气、废液、废渣）排放对环境造成的严重污染，营造良好的实验氛围，在执行国家有关环保法规的前提下，实验室应进行以下处理措施：

（1）中心实验室均应备有良好的通风、排水设施，并安装有尾气处理装置。要求学生在实验过程中尽量在通风橱或通风柜中进行，并及时打开送风机，排出废气，以保持室内空气畅通。

（2）对于易燃、易爆的无机金属或非金属药品，应尽量减少使用量，剩余药品不宜直接倒入下水道或废液缸，应该倒入规定的试剂瓶，以便于回收再利用；对于极易引起中毒的重金属盐，剩余药品不应直接倒入下水道，以防二次污染，应该盛放在指定的废液缸中并及时通知专门处理实验废弃物的公司回收。

（3）大多数有机药品、试剂均为易燃、有毒物品，为了有效减小有机实验对环境和人体造成的危害，应选做产率较高且能培养学生较强的动手能力，同时危害性又不太大的实验。所有有机实验均在通风橱或通风柜内进行，并及时打开排风机，排出反应过程中放出的有害气体。对于反应剩余物中的有机溶剂，能回收再利用的应倒入指定的回收溶剂瓶中集中回收，统一进行重蒸后再利用；不能回收或回收技术难度大的有毒试剂应根据《化学药品、试剂毒性分类参考举例》中的毒性分类标准，分别进行处理。不能将有机废液、废渣任意丢入下水道，否则会阻塞管道，同时也会带来二次污染。切勿将各种有机废液、废渣混装，以免造成危险。应将其倒入指定废液桶或废液缸内，并及时通知专门处理实验废弃物的公司回收。

1.4　事故的处理和急救

1.4.1　火灾的处理

实验室一旦发生失火，室内全体人员应积极而有秩序地参加灭火，一般采用如下措施：一方面防止火势扩展。立即关闭煤气灯，熄灭其他火源，断开室内总电闸，搬开易燃物质。另一方面立即灭火。应用化学实验室灭火，常采用使燃着的物质隔绝空气的办法，通常不能用水；否则，可能引起更大火灾。在失火初期，不能用口吹，必须使用灭火器、沙、毛毡等。若火势小，可用数层湿布把着火的仪器包裹起来。如在小器皿内着火（如烧杯或烧瓶内），可盖上石棉板或瓷片等，使之隔绝空气而灭火，绝不能用口吹。

如果油类着火，要用沙或灭火器灭火，也可撒上干燥的固体碳酸氢钠粉末。

如果电器着火，应切断电源，然后才用二氧化碳灭火器或四氯化碳灭火器灭火（注意：四氯化碳蒸气有毒，在空气不流通的地方使用有危险！）。因为这些灭火剂不导电，不会使人触电。绝不能用水和泡沫灭火器灭火，因为水能导电，会使人触电甚至死亡。

如果衣服着火，切勿奔跑，而应立即往地上打滚，邻近人员可用毛毡或棉胎一类东西盖在其身上，使之隔绝空气而灭火。

总之，当失火时，应根据起火的原因和火场周围的情况，采用不同的方法灭火。无论使用哪种灭火器材，都应从火的四周开始向中心扑灭，把灭火器的喷出口对准火焰的底部。在抢救过程中切勿犹豫。

1.4.2　玻璃割伤

玻璃割伤是常见的事故，受伤后要仔细观察伤口有没有玻璃碎粒，如有，应先把伤口处的玻璃碎粒取出。若伤势不重，先进行简单的急救处理，如使用创可贴，或涂上万花油再用纱布包扎；若伤口严重、流血不止，可在伤口上部约 10 cm 处用纱布扎紧，减慢流血，压迫止血，并随即到医院就诊。

1.4.3 药品的灼伤

1. 酸灼伤

皮肤上——立即用大量水冲洗，然后用 5%碳酸氢钠溶液洗涤，涂上油膏，并将伤口包扎好。

眼睛上——抹去溅在眼睛外面的酸，立即用水冲洗，用洗眼杯或将橡皮管套上水龙头，用水对准眼睛冲洗后，立即到医院就诊，或者再用稀碳酸氢钠溶液洗涤，最后滴入少许蓖麻油。

衣服上——依次用水、稀氨水和水冲洗。

地板上——撒上石灰粉，再用水冲洗。

2. 碱灼伤

皮肤上——先用水冲洗，然后用饱和硼酸溶液或 1%醋酸溶液洗涤，再涂上油膏，并包扎好。

眼睛上——抹去溅在眼睛外面的碱，用水冲洗，再用饱和硼酸溶液洗涤后，滴入蓖麻油。

衣服上——先用水洗，然后用 10%醋酸溶液洗涤，再用氨水中和多余的醋酸，然后用水冲洗。

3. 溴灼伤

溴沾到皮肤上时，应立即用水冲洗，涂上甘油，敷上烫伤油膏，将伤处包扎好。如眼睛受到溴的蒸气刺激，暂时不能睁开，可对着盛有酒精的瓶口注视片刻。

上述各种急救方法，仅为暂时减轻疼痛的措施。若伤势较重，在急救之后，应速送医院诊治。

1.4.4 烫 伤

轻伤者涂以玉树油或鞣酸油膏，重伤者涂以烫伤油膏后立即送医务室诊治。

1.4.5 中 毒

溅入口中而尚未咽下的毒物应立即吐出来，用大量水冲洗口腔；如已吞下，应根据毒物的性质服解毒剂，并立即送医院急救。

1. 腐蚀性毒物

对于强酸，先饮大量的水，再服氢氧化铝膏、鸡蛋白；对于强碱，也要先饮大量的水，然后服用醋、酸果汁、鸡蛋白。不论酸或碱中毒都需灌注牛奶，不要吃呕吐剂。

2. 刺激性及神经性中毒

先服牛奶或鸡蛋白使之缓和，再服用硫酸铜溶液（约 30 g 溶于一杯水中）催吐，有时也可以用手指伸入喉部催吐，然后立即到医院就诊。

3. 吸入气体中毒

将中毒者移至室外，解开衣领及纽扣，吸入少量氯气或溴气者，可用碳酸氢钠溶液漱口。

1.4.6　应用化学专业实验室应配备的急救用具

1. 消防器材

泡沫灭火器、四氯化碳灭火器（弹）、二氧化碳灭火器、沙、石棉布、毛毡、棉胎和淋浴用的水龙头。

2. 急救药箱

碘酒、双氧水、饱和硼酸溶液、1%醋酸溶液、5%碳酸氢钠溶液、70%酒精、玉树油、烫伤药膏、万花油、药用蓖麻油、硼酸膏或凡士林、磺胺药粉、洗眼杯、消毒棉花、纱布、胶布、绷带、剪刀、镊子、橡皮管、创可贴等。

1.5　应用化学专业实验的学习方法

1. 认真预习

认真阅读实验教材的实验内容及相关资料，明确实验目的和要求，理解实验基本原理，熟悉实验内容，掌握实验方法和仪器的使用方法，把握实验关键，知道所用药品和试剂的理化性质及其毒性，切记实验中的注意事项，并按要求写出实验预习报告。预习报告应包括实验目的、实验原理、简要的实验步骤和操作、必要的化学反应式、实验数据记录表格等。预习报告应简明扼要，切忌照抄书本。

2. 实验操作

在实验过程中，严格按照实验步骤认真进行操作，仔细观察实验中的现象，如实记录实验现象、数据（包括一些环境条件数据，如实验室温度、大气压等）。实验数据的记录必须规范清晰。当实验出现异常时，要认真检查其原因，可在教师指导下重做或者补做某些实验，以得到正确结论。同时，按要求处理好实验过程中产生的废液。

3. 实验报告

撰写实验报告是应用化学专业实验课程的基本训练内容之一，它将使学生在实验数据处理、作图、误差分析、问题分析与归纳等方面得到训练和提高。

实验报告是概括和总结实验过程的文献性资料。根据不同的实验内容，可以选择不同的实验报告形式。实验报告的书写要求字迹清楚、整洁，作图和数据处理规范。实验报告的内容一般包括实验目的、实验原理、实验步骤、实验记录、实验结果、问题与讨论等。实验报告应由学生独立完成，并及时交指导老师审阅。

1.6 实验报告的撰写

学生在实验结束后要撰写实验报告，根据实验记录，对实验现象作出解释，并写出相关反应式，或根据实验数据进行处理和计算，注意分析、讨论实验过程中出现的问题，并作出结论。

一个完整的实验报告应包括以下主要内容：

（1）实验名称：实验名称应当正确地表示所做实验的基本意图，让阅读报告的人一目了然。

（2）实验目的：实验目的是对实验意图的进一步说明，即简述该实验在科研或生产中的意义与作用。对于设计性实验，应指出该项实验的预期设计目标或预期的结果。

（3）实验原理：实验原理是具有普遍意义的基本规律，是实验方法的理论依据或实验设计的指导思想。只有明确实验的原理，才能真正掌握实验的关键、操作要点。

（4）实验试剂与仪器：实验所需的主要仪器、设备、工具、试剂等。

（5）实验步骤：即实验操作顺序，可以用简图、表格、反应式等表示，不必千篇一律。可以画出实验流程图或实验装置图，再配以相应的文字说明，这样既能节省许多文字说明，又能使实验报告简明扼要、清楚明白。

（6）注意事项：关于实验操作规范要求及操作禁忌、技巧。

（7）实验结果：包括实验现象的描述、实验数据和处理结果等，是实验报告的重点内容。实验数据主要指实验过程中直接测量到的读数，处理结果是指用实验数据经过一定的运算所得到的结果。

对于实验结果的表述，一般有三种方法：

① 文字表述：根据实验目的将原始资料系统化、条理化，用准确的专业术语客观地描述实验现象和结果，要有时间顺序以及各项指标在时间上的关系。

② 图表：用表格或坐标图的方式使实验结果突出、清晰，便于相互比较，尤其适用于分组较多，且各组观察指标一致的实验，使组间异同一目了然。每一图、表应有题目和计量单位，应说明一定的中心问题。

③ 曲线图：用计算机软件制作的或实验仪器记录仪显示的反映指标变化的趋势图。

在实验报告中，可任选其中一种方法或几种方法并用，以得到最佳效果。

（8）实验分析：就是根据实验条件等因素分析产生这一结果的原因，对实验结果的可靠性和合理性进行评价，并解释观察到的实验现象。

（9）问题讨论：针对实验中遇到的疑难问题，提出自己的见解，也可对实验方法、技术路线等提出改进意见。

2 现代分析技术实验

实验 2.1 紫外-可见分光光度法测定 饮料中的苯甲酸钠含量

为了防止食品在储存、运输过程中发生腐蚀、变质，常在食品中添加少量防腐剂。防腐剂使用的品种和用量在食品卫生标准中都有严格的规定。苯甲酸及其钠盐、钾盐是食品卫生标准允许使用的主要防腐剂之一，其使用量一般在 0.1% 左右。苯甲酸作为一种广谱抗微生物试剂，在 pH 4.5 以下对酵母菌、霉菌和部分细菌的抑制效果很好，在食醋和酱油等调味食品生产中作为防腐剂被广泛使用。但苯甲酸钠用量过多会对人体肝脏产生危害，甚至致癌。为确保食品添加剂的安全使用，目前国家标准中苯甲酸钠含量的测定方法有紫外-可见分光光度法、气相色谱法、高效液相色谱法及薄层层析法。

【实验原理】

苯甲酸具有芳香结构，在波长 225 nm 和 272 nm 处有 K 吸收带和 B 吸收带。根据苯甲酸（钠）在 225 nm 处有最大吸收，测得其吸光度，即可用标准曲线法求出样品中苯甲酸的含量。故将样品中的苯甲酸钠在酸性条件下经乙醚提取分离后，用紫外分光光度法测定样品中苯甲酸钠的吸光度，通过标准曲线的回归方程查得样品中苯甲酸钠的含量。该法操作简单，结果准确，回收率较为满意，与国标液相色谱法结果一致。

【仪器与试剂】

1. 仪　器

（1）紫外-可见分光光度计：UV2550（日本岛津）；

（2）1.0 cm 石英比色皿，50 mL 容量瓶。

2. 试　剂

（1）NaOH 溶液（0.1 mol/L）；

（2）苯甲酸钠标准储备液（1.000 g/L）：准确称量经过干燥的苯甲酸钠 1.000 g（105 °C 干燥处理 2 h）于 1 000 mL 容量瓶中，用适量的蒸馏水溶解后定容。该储备液可置于冰箱保存一段时间。

【实验步骤】

1. 开机及预热

打开计算机；打开主机开关；双击软件图标"UVProbe"，点击"Connect"，与仪器联机，仪器开始自检，通过后按"OK"。

2. 吸收光谱的测定

（1）选择"Window"→"Spectrum"，打开光谱模块。

（2）选择"Edit"→"Method"，设定波长范围（从大到小），扫描速度（Fast），采样间隔（1.0），扫描方式（Single），Instrument Parameters（Absorbance）。

（3）样品池和空白池均放入 2.5 mL 缓冲溶液，点击光度计按键条中的"Baseline"，启动基线校正，点击"确定"。

注意：在开始基线校正之前，确认样品及参比光束通过的光路中无任何障碍物，且样品室中没有样品。

（4）参比池中加入缓冲溶液，样品池中加入苯甲酸钠标准液，点击按键条中的"Start"，测定紫外-可见吸收光谱。

（5）扫描完成后，在弹出的新数据采集对话框中输入样品名，点击"确定"。

图谱保存：选择"File"→"Save as"，在对话框顶部的保存位置中选择适当的路径，输入文件名，保存类型中选择"Spc"，点击"保存"。

最大吸收峰：选择"Operations"→"Peak Pick"，找到最大吸收峰对应的波长。

3. 苯甲酸钠标准溶液的配制

苯甲酸钠标准溶液（100.0 mg/L）：准确移取苯甲酸钠储备液 10.00 mL 于 100 mL 容量瓶中，加入蒸馏水稀释并定容。

系列标准溶液的配制：分别准确移取苯甲酸钠标准溶液 1.00 mL、2.00 mL、3.00 mL、4.00 mL 和 5.00 mL 于 6 个 50 mL 容量瓶中，各加入 0.1 mol/L NaOH 溶液 1.00 mL 后，用蒸馏水稀释，定容。得到浓度分别为 2.0 mg/L、4.0 mg/L、6.0 mg/L、8.0 mg/L 和 10.0 mg/L 的苯甲酸钠系列标准溶液。

4. 标准曲线法测定待测样品的浓度

（1）选择"Edit"→"Method"，设置合适的波长（"Wavelength"），如 225 nm，点击"Add"，点击选定的 Wavelength，根据提示，点击"next"→"next"→"方法"，设定保存路径，点击"保存"。

（2）样品池和空白池均放入 2.5 mL 缓冲溶液，点击光度计按键条中的"Cell blank"，进行背景校正。

（3）标准曲线：在"Standard table"框里输入 Sample ID（从 1 开始），标准溶液的浓度"Concentration"，输入完毕，将光标移到 WL225 下。在样品池中由稀到浓，依次放入系列标准溶液，点击按键条中的"Read std"，依次读出系列标准溶液的吸光度值（浓度为 0 的空白液可先按"自动归零"后再读数）。

（4）点击"Graph"→"Standard Curve Statistics"→"Equation"→"Correlation CoeffiCient"，得到标准曲线的方程和相关系数。

（5）同样，样品池中分别放入酷儿、芬达、水蜜桃、机能水等饮料的样品，在"Sample table"框里输入 Sample ID，点击按键条中的"Read std"，读出待测溶液的浓度和对应的吸光度值。

5. 关　机

关闭氘灯和钨灯，然后关仪器软件，最后关计算机和仪器电源。清洗仪器，打扫试验室。本实验约需 4 学时。

【数据处理】

1. 吸收曲线的绘制

用浓度较高的标准样品溶液，在 210～300 nm（每隔 2 nm）扫描即得吸收曲线，并找出最大吸收峰波长（223 nm）。

2. 标准曲线的绘制

将标准溶液由稀到浓放入样品池，依次测定其吸光度，记录数据。以浓度为横坐标、吸光度为纵坐标，在坐标纸上或用 Excel 绘制标准曲线，并得到回归方程和相关系数。

3. 样品中苯甲酸钠含量的测定

准确移取市售饮料 0.5 mL（或者 1.5 mL）于 50 mL 容量瓶中，用超声脱气 5 min 驱赶二氧化碳后，加入 0.1 mol/L NaOH 溶液 1.00 mL，用蒸馏水稀释，定容。

按照测定标准溶液的方法测定样品的吸光度，根据标准曲线计算出 50 mL 样品溶液中苯甲酸钠的浓度。

求出市售饮料中苯甲酸钠的浓度，比较不同饮料中的含量，并简单分析。

【注释】

（1）试样和标准工作曲线的实验条件应完全一致。
（2）不同品牌的饮料中苯甲酸钠含量不同，移取时样品量可酌情增减。

【思考题】

（1）紫外-可见分光光度计由哪些部件构成？各有什么作用？
（2）本实验为什么要用石英比色皿？为什么不能用玻璃比色皿？
（3）苯甲酸的紫外光谱中有哪些吸收峰？各自对应哪些吸收带？由哪些跃迁引起？

实验 2.2　苯甲酸红外光谱的测定及谱图解析
——KBr 晶体压片法制样

　　红外分光光度法是鉴别物质和分析物质结构的有用手段，已被广泛用于各种物质的定性鉴别和定量分析，并用于研究分子间和分子内部的相互作用。其广泛应用于医药化工、地矿、石油、煤炭、环保、海关、宝石鉴定、刑侦鉴定等领域。

【实验原理】

　　当一定频率（一定能量）的红外光照射分子时，如果分子中某个基团的振动频率和外界红外辐射频率一致，二者就会产生共振。此时，光的能量通过分子偶极矩的变化传递给分子，这个基团就吸收一定频率的红外光，产生振动跃迁（由原来的基态跃迁到较高的振动能级），从而产生红外吸收光谱。如果红外光的振动频率和分子中各基团的振动频率不一致，该部分红外光就不会被吸收。用连续改变频率的红外光照射某试样，将分子吸收红外光的情况用仪器记录下来，就得到试样的红外吸收光谱图。由于振动能级的跃迁伴随有转动能级的跃迁，因此所得的红外光谱不是简单的吸收线，而是一个个吸收带。

　　在化合物分子中，具有相同化学键的基团，其基本振动频率吸收峰（简称基频峰）基本上出现在同一频率区域内，例如，$CH_3(CH_2)_5CH_3$、$CH_3(CH_2)_4C≡N$ 和 $CH_3(CH_2)_5CH=CH_2$ 等分子中都有—CH_3，—CH_2—基团，它们的伸缩振动基频峰与 $CH_3(CH_2)_6CH_3$ 分子的红外吸收光谱中—CH_3，—CH_2—基团的伸缩振动基频峰都出现在同一频率区域内，即在 < 3 000 cm^{-1} 波数附近，但又有所不同，这是因为同一类型的基团在不同化合物分子中所处的化学环境有所不同，基频峰频率发生一定移动，例如，—C=O 基团的伸缩振动基频峰频率一般出现在 1 850 ~ 1 860 cm^{-1} 范围内，当它位于酸酐中时，$n(C=O)$ 为 1 820 ~ 1 750 cm^{-1}，在酯类中时，为 1 750 ~ 1 725 cm^{-1}；在醛中时，为 1 740 ~ 1 720 cm^{-1}；在酮类中时，为 1 725 ~ 1 710 cm^{-1}；在与苯环共轭时，如乙酰苯中 $n(C=O)$ 为 1 695 ~ 1 680 cm^{-1}，在酰胺中时，$n(C=O)$ 为 1 650 cm^{-1} 等。因此，掌握各种基团基频蜂的频率及其位移规律，就可应用红外吸收光谱来确定有机化合物分子中存在的基团及其在分子结构中的相对位置。苯甲酸分子中各基团的基频峰如表 2.1 所示。

表 2.1　苯甲酸分子中各基团的基频峰

基团的基本振动形式	基频峰的频率 /cm^{-1}
n (=C—H)（Ar 上）	3 077, 3 012
n (C=C)（Ar 上）	1 600, 1 582, 1 495, 1 450
d (=C—H)（Ar 上邻接五个氢）	715, 690
n (O—H)（形成氢键二聚体）	3 000 ~ 2 500（多重峰）
d (O—H)	935
n (C=O)	1 400
d (C—O—H)（面内弯曲振动）	1 250

本实验用溴化钾晶体稀释苯甲酸试样，研磨均匀后，压制成晶片，测绘试样的红外吸收光谱。

【仪器与试剂】

1. 仪　器

岛津 IR Prestige-21 型傅里叶变换红外分光光度计，粉末压片机，玛瑙研钵，快速红外干燥仪。

2. 试　剂

KBr（AR），苯甲酸（GR）。

【实验步骤】

（1）固体样品的制备：溴化钾压片。

取 1～2 mg 苯甲酸置于玛瑙研钵中，加入已研细的无水溴化钾，研磨成极细的粉末，置于模具中，用压片机压成锭片。

（2）测绘苯甲酸的红外吸收光谱：

将锭片放在红外光谱仪的支架上，以空气为参比，记录红外光谱，并打印。

（3）简单分析苯甲酸的红外光谱图。

本实验需 4 学时。

【结果与分析】

（1）分析所得苯甲酸的红外光谱图，并说明其官能团区波数、指纹区波数。

【注释】

苯甲酸的红外光谱图（图 2.1）的解析如下：

1. 官能团区

（1）在 1 600～1 581 cm^{-1}，1 419～1 454 cm^{-1} 内出现四指峰，由此确定存在单核芳烃 C═C 骨架，所以存在苯环。

（2）在 2 000～1 700 cm^{-1} 之间有锯齿状的倍频吸收峰，所以为单取代苯。

（3）在 1 683 cm^{-1} 存在强吸收峰，这是羧酸中羧基的振动产生的。

（4）在 3 200～2 500 cm^{-1} 区域有宽吸收峰，所以有羧酸的 O—H 键伸缩振动。

2. 在指纹区

700 cm^{-1} 左右的 705 cm^{-1} 和 667 cm^{-1} 为单取代苯 C—H 变形振动的特征吸收峰。

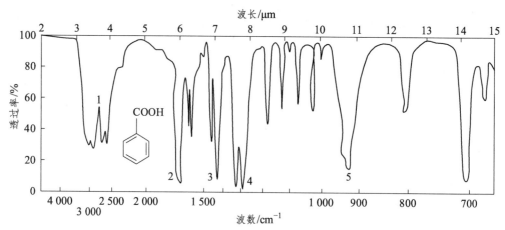

图 2.1　苯甲酸的红外光谱

1—O—H 的拉伸振动；2—C≡O 的拉伸振动；
3,5—O—H 的弯折振动；4—C—O 的拉伸振动

实验 2.3　饮料中苯甲酸和山梨酸含量的气相色谱法测定

在饮料中经常使用防腐剂，它们可以延长食品的保质期，但长期以来对于其安全性多有争议。为了保障人民的健康，国家制定了食品卫生标准，对防腐剂进行严格的管理，只要遵循 GB 2760—2014 的要求添加，不会对人体健康造成危害。但一些厂家为了降低成本，延长产品的保质期，常违规或超标使用防腐剂，有些产品中防腐剂含量甚至超标几十倍。故测定饮料及其他食品中的防腐剂含量非常重要。

【实验原理】

在酸性条件下，将样品中的山梨酸和苯甲酸用乙醚提取出来，经浓缩、蒸干后，再溶于挥发性较小的乙醇中，制成可供测定的提取液。

用氮气为载气，在涂布 5% DEGS + 1% H_3PO_4 固定液的 Chromosorb W. AW 色谱柱中，提取液中的山梨酸和苯甲酸被完全分离，用氢火焰离子化检测器（FID）检测，可得尖锐的窄行峰。测量各峰的峰高，并与标准曲线比较，便可以同时测出样品中苯甲酸和山梨酸的含量。

利用标准曲线定量的方法在色谱分析中称为外标法。其优点是：制成工作曲线后，测量工作很简单，不必求出定量校正因子 f。但此法要求各次进样严格相等，操作条件严格不变，难度较大。所以这种方法多用于批量液体样品的常规控制分析或气体样品的分析。

【仪器与试剂】

1. 仪　器

GC-7890F 天美气相色谱仪，涂布 5% DEGS + 1% H_3PO_4 固定液的 Chromosorb W. AW 色谱柱，带塞量筒 2 个，分液漏斗 2 个，100 μL、10 μL 微量注射器各 1 支，10 mL 容量瓶 12 个，25 mL 容量瓶 4 个，5 mL 带塞试管，移液管，水浴锅。

2. 试　剂

（1）石油醚、乙醇、盐酸、乙醚，均为分析纯；

（2）无水硫酸钠，氯化钠溶液（40 g·L^{-1}）；

（3）山梨酸标准储备液（2.0 mg·mL^{-1}）：准确称取 0.200 0 g 山梨酸，置于小烧杯中，用少量 3∶1（体积比）的石油醚-乙醇溶解后，移入 100 mL 容量瓶，用 3∶1（体积比）的石油醚-乙醇定容；

（4）苯甲酸标准储备液（2.0 mg·mL^{-1}）：准确称取 0.200 0 g 苯甲酸，置于小烧杯中，用少量 3∶1（体积比）的石油醚-乙醇溶解后，移入 100 mL 容量瓶中，用 3∶1（体积比）的石油醚-乙醇定容；

（5）实验用水为二次蒸馏水；

（6）饮料样品：市售饮料橙汁。

【实验步骤】

1. 开 机

按色谱仪的操作流程打开并预热仪器。

2. 山梨酸标准溶液的配置

取 5 个 10 mL 容量瓶，分别加入 2.0 mg·mL^{-1}山梨酸标准储备液 0.30 mL、0.50 mL、0.80 mL、1.00 mL、1.20 mL，再用 3∶1 的石油醚-乙醇稀释到刻度，摇匀。

3. 苯甲酸标准溶液的配制

取 5 个 10 mL 容量瓶，分别加入 2.0 mg·mL^{-1}山梨酸标准储备液 0.30 mL、0.50 mL、0.80 mL、1.00 mL、1.20 mL，再用 3∶1 的石油醚-乙醇稀释到刻度，摇匀。

4. 样品溶液的配制

吸取 2.5 mL 混合均匀的试样，置于 25 mL 带塞量筒中，加 0.5 mL 6 mol·L^{-1}（1＋1）盐酸酸化，分别用 15 mL 和 10 mL 乙醚各提取 1 次，每次振摇 1 min，将上层醚液合并于 50 mL 分液漏斗中，用 3 mL 氯化钠溶液（40 g·L^{-1}）分 2 次洗涤醚液，静置 15 min，弃去水层。将乙醚层通过小漏斗中的无水硫酸钠，过滤于 25 mL 容量瓶中，加乙醚至刻度，摇匀。准确吸取上述乙醚提取液 5.00 mL 于 5 mL 带塞刻度试管中，置于 40～50 ℃的水浴上蒸干（可将毛细管碾成细小颗粒，放 1～2 粒于试管中，边摇动边将试管插入水浴中，以防暴沸，损失物品）。加入 2 mL（3＋1）石油醚-乙醇混合溶剂，使残渣溶解，盖好备用。

5. 标准品和样品的测定

色谱条件，载气：N$_2$，50 mL·min^{-1}；燃气：H$_2$，40 mL·min^{-1}；助燃气：空气，300 mL·min^{-1}；温度：汽化室 230 ℃，检测器 230 ℃，柱温 170 ℃。启动仪器并按上述参数调好仪器，点燃氢火焰，待基线稳定后进样。

将前面配制的山梨酸系列标准溶液、苯甲酸系列标准溶液、试样溶液各进样 2 μL 于气相色谱仪中，记录色谱图。

本实验需 6 学时。

【结果与分析】

（1）实验记录。

记录色谱峰高并填入表 2.2 中。

表 2.2　饮料中山梨酸和苯甲酸含量的测定数据

编　号		1	2	3	4	5	样　品
山梨酸	2.0 mg·mL^{-1} 标液体积/mL	0.30	0.50	0.80	1.00	1.20	
	定容体积/mL	10	10	10	10	10	2
	含量/mg·mL^{-1}						
	色谱峰高/cm						
苯甲酸	2.0 mg·mL^{-1} 标液体积/mL	0.30	0.50	0.80	1.00	1.20	
	定容体积/mL	10	10	10	10	10	2
	含量/mg·mL^{-1}						
	色谱峰高/cm						

（2）在方格坐标纸上，以含量为横坐标、峰高为纵坐标，分别绘制山梨酸和苯甲酸的标准曲线。

（3）根据样品峰高，于标准曲线上查找样品溶液中山梨酸和苯甲酸的含量 C_0（g·mL^{-1}），以下式计算 C：

$$C = \frac{C_0}{V_1 \times \dfrac{5.00}{25.00} \times \dfrac{1}{V_2}}$$

式中　C_0——从标准曲线上查得样品溶液中山梨酸或苯甲酸的含量；

　　　V_1——所取饮料试样的量，mL；

　　　5.00 mL——配制样品溶液时所取乙醚提取液的体积，mL；

　　　25.00 mL——试样乙醚提取液的定容体积，mL；

　　　V_2——配制样品溶液时加入 3∶1 的石油醚-乙醇混合溶剂的体积，mL。

【注释】

（1）色谱图中苯甲酸的保留时间为 6 min 06 s，山梨酸的保留时间为 2 min 55 s。

（2）选用国产 102 酸洗白色担体（上海试剂一厂）代替进口 Chromosorb W AW 60～80 目担体，大大降低了成本，且山梨酸、苯甲酸色谱图分离完好。

（3）对于一些固体（半固体）样品，可取 20 g 样品置于 100 mL 容量瓶中，必要时，加 20 mL 10%硫酸铜溶液，4.4 mL 4%氢氧化钠溶液，加水至刻度，混匀，静置 30 min，过滤。

吸滤液 5 mL 进行萃取，合并乙醚提取液，经过滤后，直接在水浴上挥干，加入 2 mL 石油醚-乙醚（3+1）混合溶剂溶解残渣，备用。

（4）国标 GB/T 5009.29 样品提取操作中最后一步"准确吸取 5 mL 乙醚提取液于 5 mL 带塞刻度试管中，置 40 ℃ 水浴上挥干"，编者在操作中发现直接将试管置于 40 ℃ 水浴上挥干，会使样品损失。将毛细管碾成细小颗粒，放 1~2 粒于试管中，边摇动边将试管插入水浴中，可避免暴沸。

（5）测得苯甲酸的质量乘 1.18，即为苯甲酸钠的含量（144.11/122.12）。

（6）乙醚提取液应用无水硫酸钠脱水，否则会影响测定结果。

（7）进样器的硅橡胶密封垫圈应注意及时更换（一般至少可进样 20~30 次）

（8）使用热导池检测器时，必须先开载气，后开启热导池电源；关闭时，则先关电源后关气，以防烧断钨丝。

（9）使用氢火焰离子检测器时应注意：

① 为防止放大器上热导-氢火焰选择旋钮开至热导而烧断钨丝，可把仪器后背的热导池检测器的信号引出线插头拔出。

② 在氢火焰未点燃时，扳动放大器灵敏度开关，基线不应变动或仅有微小变动。若此时基线变动较大，说明同轴电缆或离子室的绝缘下降，或放大器有故障，应检查修理。

③ 必须罩好离子室外罩，旋上端盖，保证良好屏蔽，并防止外界空气进入。氢火焰点火应在检测器恒温稳定后进行，以防水蒸气冷凝，影响电极绝缘，引起基线不稳定。

【思考题】

（1）影响外标标准曲线法分析准确度的主要因素有哪些？

（2）为使进样定量、准确，应注意什么？

实验 2.4　X 射线衍射法测聚合物的分子量分布

X 射线是由高速电子撞击物质的原子产生的电磁波。XRD 即 X-ray Diffraction 的缩写，是通过对材料进行 X 射线衍射，分析其衍射图谱，获得材料的成分、内部原子或分子的结构或形态等信息的研究手段。

【实验原理】

1. 晶体衍射原理

X 射线是一种很短的电磁波，波长范围为 0.001 ~ 10 nm，用于衍射分析的 X 射线波长为 0.05 ~ 0.25 nm。物质结构中，原子和分子的距离正好落在 X 射线的波长范围内，所以物质（特别是晶体）对 X 射线的散射和衍射能够传递极为丰富的微观结构信息。1912 年，劳埃（M. von Laue）以晶体为光栅，发现了晶体的 X 射线衍射现象。当一束单色 X 射线入射到晶体时，由于晶体是由原子规则排列成的晶胞组成的，这些规则排列的原子间距离与入射 X 射线的波长有相同数量级，故由不同原子散射的 X 射线相互干涉，在某些特殊方向上产生强 X 射线衍射，衍射线在空间分布的方位和强度，与晶体结构密切相关。这就是 X 射线衍射的基本原理（图 2.2）。

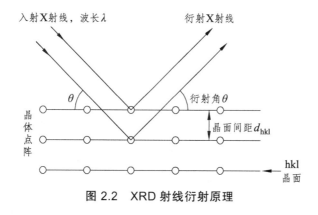

图 2.2　XRD 射线衍射原理

衍射线空间方位与晶体结构的关系可用布拉格方程表示：

$$2d \sin\theta = n\lambda$$

式中　d——晶面间距；

　　　n——反射级数；

　　　θ——掠射角；

　　　λ——X 射线的波长。

布拉格方程是 X 射线衍射分析的根本依据。

2. X射线衍射仪的结构与工作原理

X射线多晶衍射仪（又称X射线粉末衍射仪）由X射线发生器、测角仪、X射线强度测量系统以及衍射仪控制与衍射数据采集、处理系统四大部分组成。X射线源的核心部件是阴极灯丝和阳极靶，常用的靶材料有Cr，Fe，Co，Ni，Cu，Mo，Ag和W，其中以Cu靶用得最多。特征谱的波长取决于靶材的元素种类，常用的是Cu靶的Kα谱线，平均波长：0.154 18 nm。

工作时：Cu靶X射线发生器发出的单色X射线通过入射狭缝、发散狭缝照射在样品台上，X射线经试样晶体产生衍射，衍射线经出射狭缝、散射狭缝、接受狭缝被探测器检测。探测器与接收狭缝处在2θ零度，然后样品以θ的角速度绕衍射仪轴转动，同时探测器与接收狭缝以2θ的角速度转动，依次探测、记录各晶面的衍射线（图2.3）。

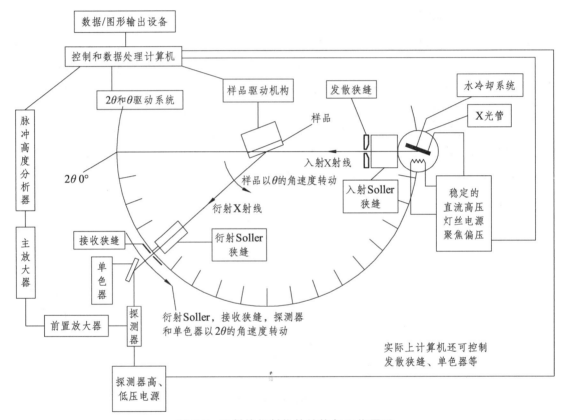

图2.3 X射线衍射仪的结构与工作原理

物质的每种晶体结构都有自己独特的X射线衍射图，而且不会因为与其他物质混合在一起而发生变化，这就是XRD的衍射检测与分析的依据。

【仪器与试剂】

1. 仪 器

日本岛津XRD-6100衍射仪，试样架，载玻片，玛瑙研钵，干燥箱。

2. 试　剂

无水乙醇（AR），粉末样品，去离子水。

【实验步骤】

1. 开　机

先打开水冷机，开启 XRD 主机电源，将开关向上扳到"On"的位置，2 min 后打开计算机。

轴的初始化；设定 KV = 40，MA = 40 的工作条件，以 Cu 靶为辐射线源。

2. 试样的要求及制备

试样要求：粉晶表面平整，晶粒大小小于 15 μm。

制备：取适量试样于研钵中，充分研磨至无颗粒感。将研磨过的粉末尽可能均匀地装入样品框中，用载玻片把粉末压紧、压平、压实，把多余凸出的粉末削去，固定于衍射仪样品室的样品台上（图 2.4）。

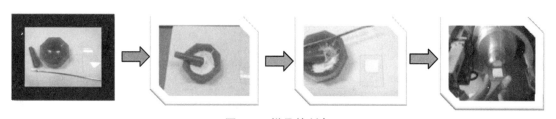

图 2.4　样品的制备

3. 测　试

打开测试软件，在相应的栏目中设定步长、扫描时间、扫描范围等各项参数，启动 X 射线探测器开始测试，得到衍射谱图。

4. 关　机

测试完成，取出样品，并对样品槽用无水乙醇进行清洗。

本实验需 4 学时。

【分析与讨论】

从 JCPDS 卡片数据库中查出待测样品的标准衍射数据，将实验数据与其比对，分析试样的物相和纯度，并对各衍射峰进行指标化。

【注释】

（1）为保证测试样品的效果，必须将样品粉末均匀地填充在样品槽中，并把样品粉末制成一个十分平整的平面。

（2）在进行 XRD 衍射测试前必须进行测角仪的复位，即归零。

（3）在样品测试过程中不能打开舱门。

（4）整个过程以及之后安装试片、记录衍射谱图的过程都不允许样品的组成及其物理、化学性质有所变化。确保采样的代表性和样品成分的可靠性，衍射数据才有意义。

【思考题】

（1）为什么可以用 X 射线衍射来鉴定材料的物相？

（2）影响 XRD 物相检测准确性的因素有哪些？

（3）根据测试数据绘出测试样品的 XRD 衍射图谱，并鉴定其物相。

（4）根据测试数据标出样品的特征衍射峰，并计算其分子量。

实验 2.5　差示扫描量热法测定聚合物的热物性

　　由于物质在温度变化过程中往往伴随着微观结构和宏观物理、化学、力学等性能的变化，且宏观性能的变化又与微观结构变化密切相关，因此需要通过热分析技术来研究两者之间的关联。

　　热分析技术就是研究材料在加热或者冷却过程中的物理、化学等性质的变化，对物质进行定性、定量分析和鉴定，为新材料的研究和开发提供热性能数据和结构信息。

【实验原理】

　　差热分析（Differential Thermal Analysis，DTA）是在程序控制下测量试样与参比物之间的温度差随温度改变的一种技术。在 DTA 基础上发展起来的是差示扫描量热法（Differential Scanning Calorimeter，DSC），它是在程序控温下，测量物质与参比物之间能量差随温度变化的一种技术。

　　DTA，DSC 在高分子方面的应用特别广泛，试样在受热或者冷却过程中，由于发生物理变化或化学变化而产生热效应，差热曲线上相应会出现吸热或放热峰；试样发生力学状态变化时（如由玻璃态转变为高弹态），虽无吸热或放热峰，但比热有突变，表现在差热曲线上是基线的突然变动。试样内部这些热效应均可用 DTA 和 DSC 进行检测，发生的热效应大致可归纳为

　　（1）吸热反应，如结晶、蒸发、升华、化学吸附、脱结晶水、二次相变（如高聚物的玻璃化转变）、气态还原等。

　　（2）放热反应，如气体吸附、氧化降解、气态氧化（燃烧）、爆炸、再结晶等。

　　（3）可能发生放热或吸热的反应，如结晶形态的转变、化学分解、氧化还原反应、固态反应等。

　　DTA，DSC 在高分子方面的用途：一是研究聚合物的相转变过程，测定结晶温度 T_c、熔点 T_m、结晶度 X_c、等温结晶动力学参数；二是测定玻璃化转变温度 T_g；三是研究聚合、固化、交联、氧化、分解等反应，测定反应温度或反应温区、反应热、反应动力学参数等。

　　DTA 通常由温度程序控制、变换放大、气氛控制、显示记录等几部分组成，此外还有数据处理部分。参比物应选择那些在实验温度范围内不发生热效应的物质，如 Al_2O_3、石英、硅油等。把参比物和试样同置于加热炉中的托架上等速升温时，若试样不发生热效应，在理想情况下，试样温度和参比温度相等，$\Delta T = 0$，差示热电偶无信号输出，记录仪上记录温差的笔仅画一条直线，称为基线。另一支笔记录参比物温度变化。而当试样温度上升到某温度，发生热效应时，试样温度与参比温度不再相等，$\Delta T \neq 0$，差示热电偶有信号输出，这时就偏离基线而划出曲线。由记录仪记录的 ΔT 随温度变化的曲线称为差热曲线（DTA 曲线）。在 DTA 曲线上，由峰的位置可确定发生热效应的温度，由峰的面积可确定热效应的大小，由峰的形状可了解有关过程的动力学特性。

DSC 又分功率补偿式 DSC 和热流式 DSC（其结构如图 2.5 所示）、热通量式 DSC。DSC 和 DTA 仪器装置相似，所不同的是在试样和参比物容器下装有两组补偿加热丝，并增加了一个差动补偿放大器。当试样在加热过程中由于热效应与参比物之间出现温差ΔT 时，通过差热放大电路和差动热量补偿放大器，使流入补偿电热丝的电流发生变化，当试样吸热时，补偿放大器使试样一边的电流立即增大；反之，当试样放热时，则使参比物一边的电流增大，直到两边热量平衡，温差ΔT 消失为止。换句话说，试样在热反应时发生的热量变化，由于及时输入电功率而得到补偿，所以实际记录的是试样和参比物下面两只电热补偿的热功率之差随时间 t 的变化关系。如果升温速率恒定，记录的也就是热功率之差随温度 T 的变化关系，这就是 DSC 曲线。

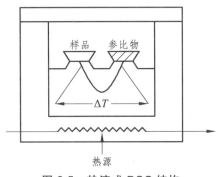

图 2.5　热流式 DSC 结构

在 DSC 中峰面积是维持试样与参比物温度相等所需输入的电能的真实量度，它与仪器的热学常数或试样热性能的各种变化无关，可以进行定量分析。

图 2.6 是聚合物 DTA 曲线和 DSC 曲线的模式图。当温度升高，达到玻璃化转变温度 T_g 时，试样的热容由于局部链接移动而发生变化，一般为增大，所以相对于参比物，试样要维持与参比物相同的温度就需要加大试样的加热电流。由于玻璃化温度不是相变化，曲线只产生阶梯状位移。温度继续升高，试样发生结晶，则会释放大量结晶热而出现吸热峰。再进一步升温，试样可能发生氧化、交联反应而放热，出现放热峰，最后试样则发生分解、吸热，出现吸热峰。并不是所有的聚合物试样都存在上述全部物理变化和化学变化。

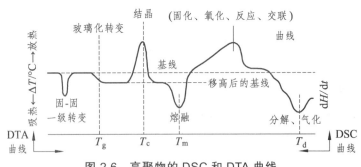

图 2.6　高聚物的 DSC 和 DTA 曲线

确定 T_g 的方式是由玻璃化转变前后的直线部分取切线，再在实验曲线上取一点，如图 2.7（a），使其平分两切线间的距离，这一点所对应的温度即为 T_g。T_m 的确定，对低分子纯物质来说，像苯甲酸，如图 2.7（b），由峰的前部斜率最大处作切线，与基线延长线相交，此点所对应的温度取为 T_m。对聚合物来说，如图 2.7（c）所示，由峰的两边斜率最大处引切线，相交点所对应的温度取为 T_m，或取峰顶温度作为 T_m。T_c 通常也是取峰顶温度。峰面积的取法如图 2.7（d）（e）所示。可用求积仪或数格法量出面积。如果峰前、峰后基线基本水平，峰对称，其面积以峰高乘半宽度即 $A = h \times \Delta t_{1/2}$ 计算，如图 2.7（f）所示。

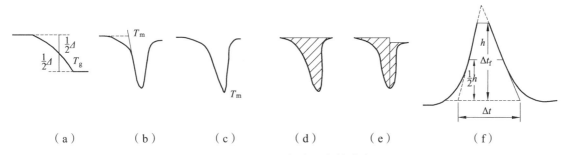

图 2.7　T_g、T_m 和峰面积的确定

如果 100%结晶试样的熔融热 ΔH_f^* 已知，则试样的结晶度可以用下式计算：

$$X_D = \Delta H_f / \Delta H_f^* \times 100\%$$

DSC 的原理和操作都比较简单，但不容易取得精确的结果，因为影响因素太多，这些因素包括仪器因素和试样因素。仪器因素主要包括炉子大小和形状、热电偶的粗细和位置、加热速度、记录纸速度、测试时的气氛、盛放样品的坩埚的材质和形状等。试样因素主要包括颗粒大小、热导性、比热、装填密度、数量等。

在固定一台仪器时，仪器因素中的主要影响因素是加热速度，样品因素中主要的影响因素是样品的数量。在仪器灵敏度许可的情况下，试样应尽可能地少。在测 T_g 时，热容变化小，可以适当增加样品用量，试样的量与参比的量要匹配。

【仪器与试剂】

1. 仪　器

德国 NETZSCH（耐驰）公司生产的热流型 DSC 200 差示扫描量热仪（温度范围为 -150 ~ 600 ℃），铝坩埚，电子天平，镊子。

2. 试　剂

高纯氮气，聚甲基丙烯酸甲酯（PMMA）、聚丙烯（PP）、聚乙烯（PE）、聚对苯二甲酸乙二酯（PET）等聚合物样品。

【实验步骤】

1. 制　样

准确称取 3 ~ 10 mg 样品，放在铝皿中，盖上盖子，用卷边压制器冲压即可（可在盖子上扎一小孔）。除气体外，固态、液态或黏稠状样品均可用于测定。装样时尽可能使样品均匀、紧实地分布在样品皿中，以提高传热效率，降低热阻。

2. 开机及校正

按照仪器操作规程进行开机预热。

仪器在刚开始使用或使用一段时间后，需进行基线、温度和热量校正，以保证数据的准确性。

（1）基线校正

在所测的温度范围内，当样品池和参比池都未放任何东西时，进行温度扫描，得到的谱图应是一条直线。如果有曲率或斜率甚至出现小吸热或放热峰，则需要进行仪器的调整和炉子的清洗，使基线平直。

（2）温度和热量校正

做一系列标准物质的 DSC 曲线，然后与理论值进行比较，并进行曲线拟合，以消除仪器误差。

3. 测　试

打开 N_2 保护，启动 DSC 仪器的电源，稳定 10 min 后，将样品放在样品室中。运行 DSC 仪监控程序，设定各种参数，进行测试，具体步骤如下：

（1）运行程序

（2）参数设置：

选择 "file" → "new" 命令，打开参数设置对话框，选中 "Measurement" 下的 "sample" 选项，并在 "sample" 中的 "dent.name" 和 "sample mass" 中分别填入样品的编号、名称和质量。按下 "continue"，进行下一步设置。

双击对话框中的仪器校正文件 DSC-10N_2，分别进行温度和灵敏度校正后，进入程序升温步骤设置对话框

起点温度设置：选中 "step category/initial"，在 "start" 中填入起始温度值，并确保 "step condition" 下的 STC，purge2 和 protective 处于选中状态，然后，按下 "add to end" 完成起点设置。在 "temperature steps" 中会显示相应设置。

升温速度设置：选中 "step category/dynamic"，在 "End temperature" 中填入结束温度值，在 "Heating rate" 中填入升温速度，然后在 "Acquisition" 中单击，会自动填入数据，按下 "add to end"，完成升温速度设置。

紧急降温设置：选中 "step category/final"，并确保 "step condition" 下的 STC、Purge2、protective 和 cooling 处于选中状态，然后按下 "add to end"，完成降温设置。

至此，完成测试前的参数设置，按下 "continues"，进入下一步，在出现的对话框中选择文件路径，并输入要保存的文件名，点击 "保存" 后即开始进行测试。

（3）测试及分析

待测试完成后，运行 "Tool/Run analysis program" 进入曲线分析界面，

坐标轴转换，选择 "setting/X-Temperature"，将 X 轴的时间坐标转换成温度坐标。

标记 T_g 转变，选择 "Evaluation/Glass Transition"，出现如下界面，移动两条垂直平行线，

选择被认为是 T_g 转变的区域，点击"apply"，即在转变处显示出 T_g 和 C_p 的值，点击"Ok"完成标记。

本实验需 4 学时。

【分析与讨论】

（1）根据实验所绘制的各物质 DSC 曲线确定各样品的玻璃化温度 T_g 及熔融温度 T_m，并求其熔融热 ΔH_f。

【思考题】

玻璃化转变的本质是什么？有哪些影响因素？

实验 2.6　生物样品中微量元素 Zn，Ca，Mg，Fe 含量测定

　　人体内的主要元素共有 11 种：氧、碳、氢、氮、钙、磷、钾、硫、钠、氯、镁。其中氧、碳、氢、氮占人体质量的 95%，其余约 4%，此外，微量元素约占 1%。在生命必需的元素中，金属元素共有 14 种，其中钾、钠、钙、镁的含量占人体内金属元素总量的 99%以上，其余 10 种元素的含量很少。

　　金属元素虽然在人体内含量很少，但它们在生命过程中的作用不可低估。例如，铁是血液中交换和输送氧所必需的一种元素，生物体内许多氧化还原体系都离不开它。体内大部分铁分布在特殊的血细胞内。没有铁，生物就无法生存。锌在生命活动过程中起着转换物质和交流能量的"生命齿轮"作用。它是构成多种蛋白质所必需的。眼球的视觉部位含锌量高达 4%，可见它具有某种特殊功能。铜元素是生物系统中一种独特而极为有效的催化剂。铜在人体内不易保留，需经常摄入和补充。在有胰岛素参与的糖或脂肪的代谢过程中，铬是必不可少的一种元素，也是维持正常胆固醇含量所必需的元素。钴是维生素 B_{12} 分子的一个必要组分，维生素 B_{12} 是形成红细胞所必需的成分。锰参与许多酶催化反应，是一切生物离不开的。

【实验原理】

　　原子吸收光谱法测定金属元素具有快速、准确、灵敏度高等优点，它在地质、冶金、机械、化工、农业、食品、轻工、生物医药、环境保护、材料科学等各个领域有广泛的应用。

　　原子吸收分光光度法是根据物质产生的原子蒸气对特定波长的光吸收作用来进行定量分析的。与原子发射光谱相反，元素的基态原子可以吸收与其发射线波长相同的特征谱线。当光源发射的某一特征波长的光通过原子蒸气时，原子的外层电子将选择性地吸收该元素所能发射的特征波长的谱线，这时，透过原子蒸气的入射光将减弱，其减弱的程度与蒸气中该元素的浓度成正比。

　　实验表明：元素在原子化器中被高温加热原子化，成为基态原子蒸气，对空心阴极灯发射的特征辐射进行选择性吸收。在一定浓度范围内，其吸收强度与试液中元素的含量成正比。其定量关系符合朗伯-比尔定律：

$$A = -\lg I / I_0 = -\lg T = KCL$$

式中　I——透射光强度；

　　　　I_0——发射光强度；

　　　　T——透射比；

　　　　K——常数；

　　　　L——光通过原子化器的光程（长度），每台仪器的 L 值是固定的；

　　　　C——被测样品浓度。

上式可以简化为

$$A = KC$$

根据上式，可以用工作曲线法或标准加入法来测定未知溶液中某元素的含量。

1. 标准曲线法

这是原子吸收分析中最常用的一种方法。其原理是：根据朗伯-比尔定律，配制一系列标准溶液，在相同的条件下，由低浓度向高浓度依次测其吸光度，然后绘制吸光度-浓度曲线。在同样的条件下测定试液的吸光度，从标准曲线上查出待测元素的浓度。

绘制标准曲线时，只有当入射光为单色光，原子蒸气极为稀薄以及不存在任何干扰的条件下，标准曲线才是一条直线。实际工作中最常见的情况是曲线在较宽范围内呈线性，但在高浓度时，曲线向浓度轴弯曲。标准曲线的线性范围与元素性质、溶液条件和仪器条件有关。实验中应尽量避免标准曲线弯曲。

在应用标准曲线法时，特别应当注意的是应使标准溶液和样品溶液的基体匹配以及测定条件一致，才能保证准确度。

2. 标准加入法

标准加入法，又称标准增量法、直接外推法。当样品中基体不明或基体浓度很大、变化大，很难配制类似的标准溶液时，或者为了消除某些化学干扰，使用标准加入法。这种方法常用来检验分析结果的可靠性。

这种方法是将不同量的标准溶液分别加入数份等体积的试样溶液中，其中一份试样溶液不加标准，均稀释到相同体积后测定吸光度（并制备一个样品空白）。以测定溶液中外加标准物质的浓度为横坐标、吸光度为纵坐标作图，然后将直线延长使之与浓度轴相交，交点对应的浓度值即为试样溶液中待测元素的浓度。

标准加入法的校正曲线如图 2.8 所示。图中 C_x 即为测定溶液中待测元素的浓度。采用标准加入法测定时，也可通过计算求出测定试样溶液中待测元素的浓度 C_x。

$$C_x = C_1 + \frac{A_x(C_2 - C_1)}{A_2 - A_1}$$

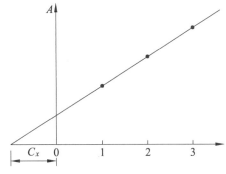

图 2.8　标准加入法的校正曲线

使用标准加入法必须注意以下几个问题：

（1）该方法仅适用于吸光度和浓度成线性的区域，其标准曲线应是通过原点的直线。

（2）为了得到较为精确的外推结果，至少采用4个点（包括未加标准溶液的试液本身）来制作校正曲线，同时，首次加入标准溶液的浓度（C_0）最好与试样浓度大致相当，然后按 $2C_0$、$4C_0$ 浓度分别配制第三份、第四份试液。加入标准溶液浓度 C_0 过大或过小，将会加大试液浓度（C_x）读数相对误差或吸光度读数的相对误差，影响外推精确度。

（3）标准加入法只能消除物理干扰和轻微的与浓度无关的化学干扰，因为这两种干扰只影响标准曲线的斜率而不会使标准曲线弯曲。与浓度有关的化学干扰、电离干扰、光谱干扰，以及背景吸收干扰，利用标准加入法是不能消除的。

本实验中的生物样品可以是蜂蜜、头发、茶叶、中药、水果、蔬菜等，生物样品可以是各种人体饮食必不可少的食物，也可以是和人身体状况有关的重要的东西，这些样品中含有钾、钙、镁、铜、锌、铁、锰等多种矿物质营养元素。同学们可以自选感兴趣的样品进行测量。

【仪器与试剂】

1. 仪　器

日本日立公司 Z-5000 型原子吸收分光光度计，各金属元素空心阴极灯，50 mL 坩埚 20 个，马弗炉，电子天平，25 mL 容量瓶 10 个，50 mL 容量瓶 20 个，移液管，100 mL 烧杯 10 个，封口膜，电热板，玻璃棒，滤纸。

2. 试　剂

高纯金属（Zn，Fe，Mg，Mn，Cu，K），碳酸钙（GR），硝酸（AR），盐酸（AR），硫酸钡（AR），双氧水（AR）；实验用水均为超纯水；自备生物样品。

【实验步骤】

1. 样品预处理

方法一　湿法消化：准确称取 2.0 g 样品（精确至 0.000 1 g）于 100 mL 烧杯中，加入 2 mL HNO_3 和 8 mL H_2O_2，用保鲜膜封口，置于通风橱内过夜。次日将烧杯移至电热板上小火加热，消化样品至溶液清亮，继续加热至冒烟并近干，取下冷却。用 5 mL 蒸馏水溶解后，少量多次清洗烧杯，并将清洗液一并倒入 25 mL 容量瓶中，用蒸馏水定容，摇匀后待测。

同时做空白试验和加标回收率试验。空白试验同上，但不加样品。

方法二　干灰化法：准确称取干燥洁净的样品 2.0 g（精确至 0.000 1 g）于 50 mL 洁净、干燥的坩埚中，滴加 2～3 滴浓硫酸，还可以加入 5 g/L 硫酸钡等覆盖，在电炉上加热，至黑烟冒尽，放入马弗炉中 550 ℃ 加热 4 h，将样品烧至灰白色，如有黑色可以适当延长时间，冷却后取出，用少量 5%硝酸溶解，转移入 25 mL 容量瓶中，用 5%硝酸定容。

同时做空白试验和加标回收率试验。

另，具体的生物样品可以自己查阅文献资料，选择最适合的消解方法。

2. 仪器开机及预热

（1）检查各部件是否置于应在的位置，气路系统是否漏气，准备空心阴极灯，填满水封。确认正常后打开主机电源。

（2）打开光谱仪总电源后等待 15 s，再打开计算机电源。

（3）开始原子吸收应用，打开分析程序，首先 online。

（4）逐步编辑分析方法和测定条件。

（5）仪器工作条件参考表 2.3，请同学们补充完整自己要测试的金属的仪器工作条件。

表 2.3　部分金属的仪器工作条件

元　素	波长/nm	灯电流/mA	狭缝宽度/nm	燃烧器高度/mm	燃气流量 /L·min^{-1}	空气流量 /L·min^{-1}
Zn	213.9	6.5	1.3	7.5	2.0	15
Mg	285.2	9	1.3	7.5	2.2	15
Ca	422.7	9	1.3	7.5	2.4	15
Fe	248.3	15	0.2	7.5	2.0	15
Mn	279.6	9	0.4	7.5	2.2	15
Cu	324.8	9	1.3	7.5	2.2	15
K	766.5	12	1.3	7.5	2.4	15

（6）打开循环冷凝水、乙炔气瓶和空气压缩机，乙炔气瓶总阀逆时针为开，减压阀顺时针为开，调至 0.1。

（7）待仪器运行稳定后点火，开始测量。

（8）测量完毕，关闭火焰，关闭空心阴极灯。

（9）关循环冷凝水，关闭气路系统、乙炔气瓶和空气压缩机。

（10）退出分析测量程序，关闭仪器总电源，关闭计算机。

3. 标准曲线的绘制

锌标准储备液（1 g·L^{-1}）：准确称取 1.0 g 高纯锌金属于 200 mL 烧杯中，加入 1∶1 盐酸 50 mL，溶解后移入 1 L 容量瓶中，定容。

锰、镁、铁、锰、铜、钾标准储备液（1 g·L^{-1}）：准确称取优级纯金属粉 0.100 0 g，用少许 10%硝酸溶解后转入 1 000 mL 容量瓶中，定容，摇匀后备用。

钙标准溶液（1 g·L^{-1}）：准确称取优级纯碳酸钙 2.500 0 g，用少许 10%硝酸溶解后转入 1 000 mL 容量瓶中，定容，摇匀后备用。

分别配置浓度为如下所示标准工作液：

锌标准工作液，浓度为 0，0.5，1.0，1.5，2.0，2.5 mg·L^{-1}。

锰和铁的标准工作液的浓度均为 0，1.0，5.0，10.0，15.0，20.0 mg·L^{-1}。

镁标准工作液的浓度均为 0，0.2，0.4，0.6，0.8，1.0 mg·L^{-1}。

钙标准工作液的浓度均为 0，1.0，5.0，10.0，15.0，20.0，30.0 mg·L^{-1}。

钾标准工作液的浓度均为 0，1.0，2.0，5.0，8.0，10.0 mg·L^{-1}。

铜的标准工作液的浓度均为 0，1.0，2.0，5.0，8.0，10.0 mg·L^{-1}。

以去离子水调零，依次测定吸光度。在坐标纸上以浓度对吸光度作标准曲线。

4. 样品测定

测定空白（1 个）和经过处理后的样品（3 个）以及加标后的样品（3 个）溶液的吸光度。如果吸光度超过 0.8，应适当稀释后再测定。

5. 关 机

登记、清洁实验室后离开。

本实验需 10 学时。

【分析与讨论】

（1）数据记录：列表记录测定数据。

（2）在坐标纸上以浓度为横坐标、吸光度为纵坐标绘制标准曲线。

（3）从绘制的标准曲线上查得样品溶液浓度，将其换算为每千克生物样品中金属离子的含量（单位 mg/kg）。

（4）计算加标回收率，并评估实验的准确度和精密度。

【注释】

（1）实验前先检查水封瓶是否注满水，水冷循环是否需要补充水。

（2）用火焰原子化法时，不可离火焰器太近。

（3）实验结束后，应打开空气过滤器排气，再关闭。

（4）石墨炉原子化法所用石墨管使用寿命有限，应及时更换，方可保证测定的准确性。

【思考题】

（1）为何做标准曲线的溶液不能久置？放置时间过长对实验结果有何影响？

（2）标准曲线法和标准加入法有哪些不同？其应用范围各是什么？

（3）原子吸收分光光度计的主要结构有哪些？主要功能是什么？

（4）从实验安全上考虑，在操作时应注意什么问题？

实验 2.7 中成药样品中砷含量测定——原子荧光法

中医药是继承我国几千年文明的国粹。对于含淀粉较多并需久存保色的中药材，通常在干燥前用硫黄熏制以使其外观洁白，但如所用硫黄为粗品，会带来很多杂质。而中药材一旦被重金属及有害元素污染，将可能对人体产生潜在的威胁，对人体的新陈代谢及正常的生理功能有明显的损害，如引起神经系统、血液系统等的病变。

目前，世界各国对于砷、汞等重金属在食品和药品中的含量都有严格限量标准，所以测定中药材中的砷含量具有十分重要的意义。目前，砷（As）、汞（Hg）的测定方法包括原子吸收法、原子荧光法、等离子-原子发射光谱法等。其中原子荧光法是 20 世纪 80 年代以来发展较快的一种痕量分析技术，具有谱线简单、检测质量浓度低、线性范围宽、可多元素同时测定等优点，近年来应用较为广泛。

【实验原理】

在酸性条件下，三价砷与硼氢化钾反应生成砷化氢，由载气（氩气）带入石英原子化器，砷化氢分解为原子态砷。在特制的砷空心阴极灯的照射下，基态砷原子被激发至高能态，去活化回到基态时，发射出特征波长的荧光，在一定浓度范围内，其荧光强度与砷的含量成正比。因此可通过测定标准曲线求出未知样品中砷含量。

【仪器与试剂】

1. 仪 器

AFS-810 双道原子荧光光度计，砷空心阴极灯，可调温电热板，电子天平，50 mL 坩埚 20 个，马弗炉，25 mL 容量瓶 10 个，50 mL 容量瓶 20 个，移液管，100 mL 烧杯 10 个，封口膜，电热板，玻璃棒，滤纸。

2. 试 剂

（1）载流液（5% HCl 溶液）：烧杯中加入 400 mL 蒸馏水，向其中慢慢加入 50 mL 浓盐酸，然后用蒸馏水定容至 1 000 mL。

（2）硼氢化钾溶液（20 g·L^{-1}）：称取 2.0 g KBH$_4$ 溶于 100 mL 5% 的 NaOH 溶液中，混匀。现配现用。

（3）硫脲-抗坏血酸溶液（用前配制，作用是预还原五价砷为三价砷）：称取 10 g 硫脲，加入约 80 mL 纯水，加热溶解，冷却后加入 10 g 抗坏血酸，稀释至 100 mL。

（4）砷标准储备液：（$\rho = 1\ 000\ \mu g·mL^{-1}$）（保存于带内盖的塑料瓶中，在冰箱中长期留存）：准确称取 0.132 0 g 经 105 ℃ 干燥至质量恒定的 As$_2$O$_3$ 于 100 mL 烧杯中，加入 2.5 mL 20% 的 KOH 溶液，溶解后，移入 100 mL 容量瓶中，以 10% HCl 溶液定容。

（5）砷标准中间溶液：（$\rho = 1.00\ \mu g \cdot mL^{-1}$）（冰箱中保存 1 年）：吸取 1 mL 砷标准储备液［上述（4）］于 100 mL 容量瓶中，用 10% HCl 溶液定容。

（6）砷标准使用溶液：（$\rho = 0.10\ \mu g \cdot mL^{-1}$）（室温下保存 1 周）：吸取 5 mL 砷标准中间溶液［上述（5）］于 50 mL 容量瓶中，用 10% HCl 溶液定容。

【实验步骤】

1. 样品预处理

准确称取磨细的样品 1.0 g 于 100 mL 小烧杯中，加入硝酸 15 mL、高氯酸 1 mL，盖上表面皿，摇动使样品充分接触酸液，放在可调温电热板上静置过夜。次日先低温（低于 200 °C）加热，然后逐渐升温，随着温度升高，会有大量棕色气体逸出，当棕色气体的量减少时可以提高温度继续消化至大量冒白烟，以赶净 HNO_3（若消化不完全，可以补加硝酸，遵循少量多次的原则，直至消化完全）。当消解液剩下大约 1 mL 时，取下冷却。将消解液全部转移入 50 mL 容量瓶中，用 4 mol/L HCl 定容至 50 mL，摇匀，待测。同时做空白试验和加标回收率试验。

2. 仪器开机及预热

（1）检查各部件是否置于应在的位置，接入载流液、还原剂、废液瓶，准备 As 灯、检查水封。开氩气，确认正常后打开主机电源。

（2）打开计算机电源。开盖检查灯亮不亮。

（3）开始原子荧光应用，打开分析程序。

（4）逐步编辑分析方法和测定条件，并确定。

（5）仪器工作条件参考表 2.4。

表 2.4　仪器工作条件

元　素	负高压/V	灯电流/mA	原子化温度/ °C	原子化器高度/mm	燃气流量/L · min^{-1}	屏蔽气流量/L · min^{-1}
As	300	60	200	8	400	1

（6）预热 30 min，分别在还原剂、载流酸吸管中加入 KBH_4 和 HCl，进样，仪器按程序自动吸入还原剂、载流酸和试样，开始反应，生成的气体和废液进入气液分离器，气体进入电热石英管原子化器，废液排出，仪器自动采集、记录积分值，由工作曲线计算样品含量。

（7）测量完毕，清洗仪器，关闭光源和火焰，关闭气路系统。

（8）退出分析测量程序，关闭仪器总电源，关闭计算机。

3. 标准曲线的绘制

根据标准储备液的浓度分别配制如下标准工作液：

取 7 个 100 mL 容量瓶，依次加入 0.1 mg · L^{-1} 砷标准使用液 1.0 mL、2.0 mL、3.0 mL、4.0 mL、6.0 mL、8.0 mL、10.0 mL，加入 20 mL 硫脲、抗坏血酸混合液，以 5% 盐酸定容，得到

浓度分别为 1.0 μg·L^{-1}、2.0 μg·L^{-1}、3.0 μg·L^{-1}、4.0 μg·L^{-1}、6.0 μg·L^{-1}、8.0 μg·L^{-1}、10.0 μg·L^{-1} 的标准溶液，静置 20 min 后测量荧光值。

4. 样品的测定

取 25 mL 处理好的样品（3 个）或空白（1 个）于 50 mL 容量瓶中，加入 10 mL 硫脲、抗坏血酸混合液，以 5%盐酸定容至 50 mL，混匀，静置 20 min 后测定砷的荧光值。如此处理加标后样品溶液（3 个）并测定其荧光强度。

本实验需 10 学时。

【分析与讨论】

（1）数据记录：列表记录测定数据。

（2）在坐标纸上以浓度为横坐标、荧光强度为纵坐标绘制标准曲线。

（3）从绘制的标准曲线上查得样品溶液浓度，将其换算为每千克药品中砷离子的含量（单位 mg/kg）。计算加标回收率，并评估实验的准确度和精密度。

【注释】

（1）KBH$_4$ 遇水易分解，仅可溶于碱液中。

（2）KBH$_4$ 对皮肤有强腐蚀性，不可沾到手上。

（3）KBH$_4$ 溶液浓度不宜低于 1%，否则氢气量不足以维持火焰燃烧，灵敏度低，无法测砷；但浓度过大，产生大量氢气，稀释原子蒸气，也会使灵敏度降低。

【思考题】

（1）简述原子荧光法的基本原理。

（2）砷的测定方法有哪些？都有什么特点？

实验 2.8　线性扫描伏安法测定维生素 C 的含量

维生素 C 又名抗坏血酸，是一种人体必需的水溶性维生素，在水果和蔬菜中含量丰富。它具有一定的还原性，可以被氧化为脱氧抗坏血酸，在氧化还原代谢反应中起调节作用，缺乏它可引起坏血病。本实验采取线性扫描伏安法测定样品中维生素 C 的含量。

【实验原理】

线性扫描伏安法（Linear Sweep Voltammetry，LSV）是将线性电位扫描（电位与时间为线性关系）施加于电解池的工作电极和辅助电极之间，即电极电位随外加电压线性变化，记录工作电极上电解电流的方法。记录的电解电流随电极电位变化的曲线称为线性扫描伏安图，如图 2.9 所示。工作电极是可极化的微电极，如滴汞电极、静汞电极或其他固体电极；而辅助电极和参比电极则具有相对较大的表面积，是不可极化的。常用的电位扫描速率为 $0.001 \sim 0.1 \text{ V} \cdot \text{s}^{-1}$，可单次扫描或多次扫描。根据电流-电位曲线测得的峰电流与被测物的浓度呈线性关系，可进行定量分析，更适用于有吸附性物质的测定。

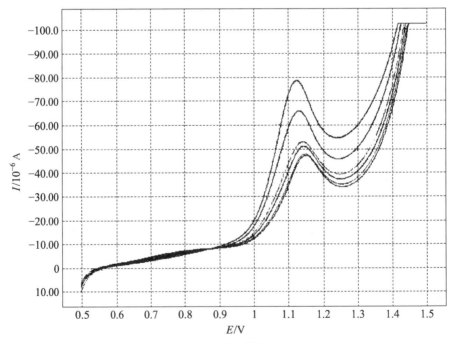

图 2.9　线性扫描伏安图

当电压负向扫描并达到平衡电位时，还原态物质在电极上迅速氧化，产生很大的电流；随后，电压继续正向变大，电极表面待测物质浓度迅速降低。由于电解时间增加，扩散层厚度迅速增大，从而导致电流迅速下降，电流-电压关系出现峰形。当底液和其他条件一定时，其峰电位 E_p 与被测物的性质及底液有关，而其峰电流 i_p 则与被测物质浓度呈线性关系。可逆电极反应的峰电流 25℃ 时如下：

$$i_p = (2.69 \times 10^5) n^{3/2} A D_0^{1/2} v^{1/2} c_0$$

式中　A——电极的有效面积，cm^2；

　　　D_0——反应物的扩散系数，$cm^2 \cdot s^{-1}$；

　　　n——电极反应的电子转移数；

　　　v——扫描速率，$V \cdot s^{-1}$；

　　　c_0——反应物的浓度，$mol \cdot L^{-1}$。

当电极有效面积 A 不变时，上式可以简化为

$$i_p = k v^{1/2} c_0$$

即峰电流与电位扫描速率 v 的 1/2 次方呈正比，与反应物本体浓度呈正比，这就是线性扫描伏安法定量分析的依据。对于可逆电极反应，峰电位和扫描速率无关。

但当电极反应为不可逆时（准可逆或完全不可逆），峰电位 E_p 随扫描速率 v 增大而负（或正）移。

不管电极反应是否可逆，峰电流都与反应物浓度呈正比，这是线性扫描伏安法定量分析的依据。对于可逆反应，随扫描速率增大，分析灵敏度提高；但是对于不可逆过程，由于电极反应速率慢，在快速扫描时电极反应的速率跟不上极化速率，伏安曲线将不出现电流峰，因此应选择较慢的扫描速率。

研究电极反应时，电极的电位是一个很重要的参数，两电极体系是难以测定电极电位的，所以一般采用三电极体系：工作电极，被测定的电极；辅助电极：与工作电极组成一个让电流通畅的回路；参比电极：确定工作电极和参比电极的电位差。

抗坏血酸（$C_6H_8O_6$）具有强还原性，通过电解会失去两个电子，发生氧化反应：

【仪器与试剂】

1. 仪　器

CHI660C 电化学工作站，玻碳电极，饱和甘汞电极，铂丝电极，酸度计，50 mL 容量瓶，10 个，100 mL 吸量管，5 mL 移液管，烧杯，玻璃棒，滴管若干。

2. 试 剂

抗坏血酸（优级纯），去离子水，2×10^{-2} mol/L 维生素标准溶液，KCl，HAc，NaAc，KH_2PO_4，Na_2HPO_4，BR 缓冲溶液，维生素 C 片。

【实验步骤】

1. 电极预处理

将玻碳电极在麂皮上加 Al_2O_3 粉末转圈轻轻打磨，分别用自来水和蒸馏水冲洗后，放入小烧杯中，依次用 1：1 的硝酸、二次蒸馏水、无水乙醇（最好是丙酮），三次分别在超声波下超声 5 min 洗涤。处理好的玻碳电极应该是镜面光亮的。

2. 不同 pH 底液对测定结果的影响

在 100 mL 磷酸、硼酸和醋酸三种酸（浓度均为 0.04 mol/L）的混合液中，加入不同体积的氢氧化钠（浓度为 0.2 mol/L），组成 pH 分别为 2.0、3.0、4.0、5.0、6.0、7.0 的缓冲溶液（BR 缓冲溶液）。

取 6 只 10 mL 比色管，向其中各加入 2 mL 上述不同 pH 的缓冲溶液和 1 mL 1 mol/L KCl 支持电解质溶液，再加入 1.0 mL 维生素 C 标液，用去离子水稀释至刻度后，记录其线性扫描循环伏安图，选择测定的最佳 pH 范围。

3. 不同缓冲溶液对测定结果的影响

分别配置 100 mL pH=4 的 BR 缓冲溶液、HAc-NaAc 缓冲溶液、0.05 mol/L 邻苯二甲酸氢钾和柠檬酸-柠檬酸钠缓冲溶液。取 4 只 10 mL 比色管，向其中各加入 2 mL 上述不同缓冲溶液和 1 mL 1 mol/L KCl 支持电解质溶液，再加入 1.0 mL 维生素 C 标液，用去离子水稀释至刻度后，记录其线性扫描循环伏安图，选择测定的最佳缓冲溶液。

0.2 mol/L 乙酸-乙酸钠缓冲溶液的配制：用 0.2 mol/L 的 NaAc 1.80 mL 加 0.3 mol/L 的 HAc 8.20 mL。

0.1 mol/L 柠檬酸-柠檬酸钠缓冲溶液的配制：用 0.1 mol/L 的柠檬酸 13.1 mL 加 0.1 mol/L 的柠檬酸钠 6.9 mL。

4. 标准曲线的绘制

在 5 个 10 mL 比色管中各加入 2 mL 选择好的缓冲溶液和 1 mL 1 mol/L KCl 支持电解质溶液，再分别加入 0，0.50，0.80，1.0，1.2，1.5 mL 维生素 C 标准溶液，用去离子水稀释至刻度。将电极插入试液并连接到系统，确认主机与微机系统连接正常，设置实验参数如下：灵敏度：20 μA；初始电位：0.800；终止电位：−0.200；扫描速率：50 mV/s 等。将配制好的溶液按浓度从低到高依次做线性扫描伏安图，并从图上读取电流值，记录，做标准曲线。每份试液测试前将电极清洗干净。

5. 样品的测定

烧杯中加入维生素 C 药片一片，加适量去离子水搅拌溶解后，转移至 10 mL 容量瓶中，稀释至刻度，放置澄清。比色管中加入 2 mL 缓冲溶液和 1 mL 1 mol/L KCl 支持电解质溶液，再加入 1 mL 上清液，用去离子水稀释至刻度，即为样品溶液。然后将溶液加入电解池中，分别将工作电极、参比电极、辅助电极与主机的电极相连接，将三电极插入溶液中。在标准曲线的测试条件下，点击"扫描"键，记录循环伏安图。

本实验需 8 学时。

【分析与讨论】

（1）列表记录实验数据。

（2）根据实验结果选择最佳实验条件，并绘制峰电流对浓度的工作曲线。

（3）根据实验结果确定样品中维生素 C 的含量。

【注释】

（1）电极的处理：玻碳电极（GCE）在测定前用抛光粉抛光，超声清洗，然后用湿滤纸擦净，用二次蒸馏水冲洗后即可使用。

（2）可以通入氮气除氧。

【思考题】

（1）电极的处理会不会影响测定结果？用哪种处理方式比较好，为什么？

（2）测定时为什么要加入缓冲溶液？

（3）为什么用三电极体系进行测定？三电极各起什么作用？

实验 2.9　分子荧光法测定维生素 B₂ 的含量

维生素 B₂，也称核黄素，微溶于水，在中性或酸性溶液中加热是稳定的，参与体内生物氧化作用。维生素 B₂ 是人体必需的一种营养物质，它是形成人体组织、器官表面必需的一种物质。维生素 B₂ 在人体内无法储存，但人体每天又需要，所以必须每天从食物中补充。

【实验原理】

荧光是光致发光。任何荧光物质都具有激发光谱和发射光谱，发射波长总是大于激发波长。荧光激发光谱是通过测定荧光体的发光通量随波长变化而获得的光谱，反映不同波长激发光引起荧光的相对效率。荧光发射光谱是测定荧光物质在固定的激发光源照射后所产生的分子荧光，是荧光强度对发射波长的关系曲线，表示在所发射的荧光中各种波长的相对强度。由于各种不同的荧光物质有它们各自特定的荧光发射波长，可用它来鉴定荧光物质。有些发荧光的物质其荧光强度与物质的浓度成正比，故可用荧光分光光度法测定其含量。

维生素 B₂ 本身为黄色，由于分子结构上有异咯嗪结构，该溶液在 430 ~ 440 nm 蓝光或紫外光的照射下，发出黄绿色荧光，荧光峰在 535 nm 附近。维生素 B₂ 在 pH = 6 ~ 7 的溶液中荧光强度最大，而且其荧光强度与维生素 B₂ 的浓度呈线性关系，因此可以用荧光光谱法测维生素 B₂ 的含量。

维生素 B₂ 在碱性溶液中经光线照射会发生分解而转化为另一物质——光黄素，光黄素也是一种能射荧光的物质，其荧光比维生素 B₂ 的荧光强得多，故测维生素 B₂ 的荧光时溶液要控制在酸性范围内，且在避光条件下进行。其他如维生素 C 在水溶液中不发荧光，维生素 B₁ 本身无荧光，维生素 D 用二氯乙酸处理后才有荧光，因此它们都不干扰维生素 B₂ 的测定。在稀溶液中，荧光强度 F 与物质的浓度 c 有以下关系：

$$F = 2.303 \Phi I_0 \varepsilon b c$$

当实验条件一定时，荧光强度与荧光物质的浓度呈线性关系：

$$F = Kc$$

上式是采用荧光光谱法测定维生素 B₂ 的定量依据。本实验采用标准曲线法测定样品中维生素 B₂ 的含量。

【仪器与试剂】

1. 仪　器

荧光分光光度计（型号：F4500 HITA[H]），1 cm 石英比色皿，50 mL 容量瓶。

2. 试　剂

（1）维生素 B_2 标准溶液（$10.0\ \mu g \cdot mL^{-1}$）：准确称取 10 mg 维生素 B_2，溶于热蒸馏水中，冷却后转移至 1 000 mL 容量瓶中，加蒸馏水定容，摇匀，置暗处保存。

（2）冰醋酸（AR），维生素 B_2 片。

【实验步骤】

1. 系列标准溶液的配制

准确移取维生素 B_2 标准溶液（$10.0\ \mu g \cdot mL^{-1}$）0.00 mL、1.00 mL、2.00 mL、3.00 mL、4.00 mL、5.00 mL，分别置于 50 mL 容量瓶中，加入冰醋酸 2 mL，加水至刻度，摇匀，待测。

2. 样品溶液的制备

取维生素 B_2 10 片，研细。准确称取适量（约相当于维生素 B_2 10 mg）置于 100 mL 容量瓶中，用蒸馏水稀释至刻度，摇匀。过滤，吸取滤液 10.0 mL 于 100 mL 容量瓶中，用水稀释至刻度，摇匀，吸取此溶液 2.00 mL 于 50 mL 的容量瓶中，加冰醋酸 2 mL，用水稀释至刻度，摇匀，待测。

3. 激发光谱和荧光发射光谱的绘制（用加标准储备液 3.00 mL 的标准溶液）

设置 $\lambda_{Em} = 520$ nm 为发射波长，在 250～400 nm 范围内扫描，记录发射波长强度和激发波长的关系曲线，便得到激发光谱。记录最大激发波长。

设置 λ_{Ex} 为最大激发波长，即 371 nm，在 400～600 nm 范围内扫描，记录发射强度与发射波长间的函数关系，便得到荧光发射光谱。从荧光发射光谱上找出其最大发射波长 λ_{Em} 和荧光强度。

4. 标准溶液及样品的荧光测定

将激发波长固定在 371 nm，荧光发射波长为 521 nm，按浓度从低到高依次测量上述系列标准溶液的荧光发射强度。

在同样条件下测定未知溶液的荧光强度，扣除空白溶液荧光，并由标准曲线确定未知试样中维生素 B_2 的浓度。

本实验需 4 学时。

【分析与讨论】

（1）列表记录各项实验数据。绘制吸收光谱及荧光光谱曲线。

（2）以荧光强度为纵坐标、标准溶液浓度为横坐标，在坐标纸上绘制标准曲线。

（3）从标准曲线上查得维生素 B_2 浓度，并将结果换算为样品中维生素 B_2 的含量。

【思考题】

（1）激发波长和荧光波长有什么关系？

（2）荧光相对强度与哪些因素有关？为什么？

实验 2.10　间接原子吸收光谱法测定生物样品中碘含量

　　碘是人体必需的微量元素，它具有促进生长发育、维持新陈代谢、介入蛋白质合成的作用，并且是调节能量代谢和活化 100 多种酶等重要生理功能的主要组成成分。碘缺乏在不同生长发育阶段的表现形式不一，成人碘缺乏会患甲状腺肿大、甲状腺功能减退、智能和体能低下等病症；儿童和青春期碘缺乏会影响其骨骼、肌肉、神经和生殖系统的生长发育。孕产妇碘缺乏会影响胎儿的脑发育，严重者还会引起流产、胎儿畸形和死亡。婴幼儿碘缺乏易患"克汀病"（也叫呆小症）。摄入过量的碘会扰乱甲状腺的正常功能，既可以导致甲状腺功能亢进，也可以导致甲状腺功能减退。所以测定食品中的碘含量具有一定指导和现实意义。

【实验步骤】

　　（1）查阅文献总结测定碘元素含量的方法，并比较优劣、特点。

　　（2）查阅利用原子吸收间接法测定碘元素的资料，拟订实验方案。

　　实验方案中应包括：实验目的、实验意义、实验原理、实验试剂与仪器、实验步骤、数据处理、实验结论。

　　（3）分组讨论实验方案，取最优化实验方案，领取药品和仪器，分组进行实验。

　　（4）完成实验，归还试剂与仪器，打扫实验室。

　　（5）处理实验数据，完成实验报告，并上交。

【分析与讨论】

　　（1）数据记录请自行设计表格，将数据绘成变化趋势图，可以在 Excel 中绘制，也可用坐标纸，但绘图必须完整、规范。

　　（2）讨论所得实验数据，并得出结论。

　　（3）比较讨论不同组数据。

　　（4）列出参考资料。

实验2.11 槲皮素和血清蛋白的相互作用

有关药物小分子与生物大分子方面的研究，是生物化学领域的重要研究内容，特别是血清蛋白与药物分子相互作用方面，研究甚为广泛。作为生物体血浆中含量最丰富的运输蛋白质，血清白蛋白具有维持血液胶体渗透压，清除自由基等生理学和药理学功能。它可以存储和运输许多内源性和外源性物质，如氨基酸、阴阳离子、类固醇激素、药物等。血清白蛋白（HSA）可与许多内源和外源化合物结合，药物与HSA在体内可产生不同程度的结合，这种结合能力的大小直接影响药物在体内的分布。研究药物与血清白蛋白之间的作用，有助于了解药物在体内的运输和分布的情况，对于阐明药物的作用机制、药代动力学以及药物的毒性都有非常重要的意义，并且进行药物与HSA结合的研究可以指导临床合理用药，同时可以为制药工业中新药的研究和开发提供理论依据。

【实验步骤】

（1）请查阅文献了解药物和血清蛋白相互作用的研究方法，并比较其优劣、特点。

（2）查阅利用电化学方法研究药物和血清蛋白相互作用的资料，拟定实验方案。

（3）实验方案中应包括：实验目的、实验意义、实验原理、实验试剂与仪器、实验步骤、数据处理、实验结论。

（4）分组讨论实验方案，取最优化实验方案，领取药品和仪器，分组进行实验。

（5）完成实验，归还试剂与仪器，打扫实验室。

（6）处理实验数据，完成实验报告，并上交。

【分析与讨论】

（1）数据记录请自行设计表格，将数据绘成变化趋势图，可以在Excel中绘制，也可用坐标纸。绘图必须完整、规范。

（2）讨论所得实验数据，并得出结论。

（3）比较讨论不同组数据。

（4）列出参考资料。

实验 2.12　中空纤维膜液相微萃取
——液相色谱法检测痕量塑化剂

塑化剂（增塑剂）是一种高分子材料助剂，也是环境雌激素中的酞酸酯类（Phthalates，PAEs），其种类繁多，最常见的品种是 DEHP（商业名称 DOP）。DEHP 的化学名称为邻苯二甲酸二（2-乙基己）酯，是一种无色、无味液体，工业上应用广泛，其添加对象包括塑胶、混凝土、干壁材料、水泥与石膏等。

塑胶添加塑化剂依据使用的功能、环境不同，制成拥有各种韧性、软硬度、光泽的成品，其中越软的塑胶成品所需添加的塑化剂越多。一般常使用的保鲜膜，一种是无添加剂的 PE（聚乙烯）材料，但其黏性较差；另一种广泛使用的是 PVC（聚氯乙烯）保鲜膜，其中含有大量的塑化剂，以让 PVC 材质变得柔软且增加黏度，非常适合生鲜食品的包装。但近期有报道称邻苯二甲酸酯（PAEs）被非法用作食品添加剂，尤其是在饮料、果汁、蔬菜汁中作为均匀剂使用，对人体健康造成严重危害。测定食品或饮用水中邻苯二甲酸酯类塑化剂的含量具有重要意义。

在实际样品分析过程中，通常会面临样品基质复杂造成的干扰，目标分析物的浓度过低或存在状态不适于直接测定等问题，必须选择合适的样品前处理技术对样品进行分离、富集、纯化，并使目标分析物转化成适合于分析测定的形式。所以，样品前处理技术已成为目前分析化学研究的热点和难点之一。传统样品前处理技术存在有机溶剂消耗量大、费时、操作步骤繁琐等缺点。为了克服这些缺点，近年来，分析化学家们提出了一系列新型样品前处理技术。液相微萃取（Liquid-phase Microextraction，LPME）是在液-液萃取（Liquid-liquid Extraction，LLE）的基础上发展起来的一种集采样、萃取和浓缩于一体的新型样品前处理技术，具有灵敏度和富集倍数高，操作简便、快捷和消耗有机溶剂少等优点，已迅速成为样品前处理技术领域的热点研究方向之一。中空纤维膜液相微萃取（HF-LPME）是 LPME 的一种操作模式，具有操作方便、重现性好、可承受高速搅拌等优点；并且纤维膜上的微孔可阻止样品溶液中的大分子和各种干扰物、杂质等进入纤维孔，还具有微滤和除杂的作用，其应用前景非常广阔。

本实验要求学生以液相色谱为分离，分析方法，并采用一定的浓缩富集手段（中空纤维膜萃取）分析食品、饮料、饮用水中塑化剂的含量。

【实验步骤】

（1）查阅文献，了解食品、饮料、饮用水等中邻苯二甲酸酯类的研究方法，并比较各种方法的优劣、特点。

（2）查阅利用中空纤维膜液相微萃取和利用高效液相色谱测定邻苯二甲酸酯类方法的资料，拟定实验方案。

实验方案中应包括：实验目的、实验意义、实验原理、实验试剂与仪器、实验步骤、数据处理、实验结论。

（3）分组讨论实验方案，选择最优化实验方案，领取药品和仪器，分组进行实验。

（4）完成实验，归还试剂与仪器，打扫实验室。

（5）处理实验数据，完成实验报告，并上交。

【分析与讨论】

（1）数据记录请自行设计表格。将数据绘成变化趋势图，可以在 Excel 中绘制，也可用坐标纸，绘图必须完整、规范。

（2）讨论所得实验数据，并得出结论。

（3）比较讨论不同组数据。

（4）列出参考资料。

实验 2.13 工业废水中有机污染物的分离与鉴定

工业废水，指工艺生产过程中排出的废水和废液，其中含有随水流失的工业生产用料、中间产物、副产品以及生产过程中产生的污染物，是造成环境污染，特别是水污染的重要原因。工业废水的处理虽然早在 19 世纪末已经开始，但由于许多工业废水成分复杂、性质多变，仍有一些技术问题没有完全解决。

工业废水的分类：① 按受污染程度不同，工业废水可分为生产废水及生活污水两类。生产废水是指在使用过程中受到轻度污染或温度增高的水（如设备冷却水）。生活污水是指在使用过程中受到严重污染的水，大多具有严重的危害性。② 按工业废水中所含主要污染物的化学性质不同，工业废水可分为含无机污染物为主的无机废水、含有机污染物为主的有机废水、兼含有机物和无机物的混合废水、重金属废水、含放射性物质的废水和仅受热污染的冷却水。例如，电镀废水和矿物加工过程的废水是无机废水，食品或石油加工过程的废水是有机废水。

工业废水造成的污染主要有：有机需氧物质污染、化学毒物污染、无机固体悬浮物污染、重金属污染、酸污染、碱污染、植物营养物质污染、热污染、病原体污染等。工业废水对环境的破坏是相当大的，20 世纪的"八大公害事件"中的"水俣事件"和"富山事件"就是由工业废水污染造成的。

2012 年，龙江镉污染、镇江苯污染等突发性水污染事件接连发生，使我国饮水安全屡次面临水污染的严峻挑战。这些污染的源头均为工业生产企业的违规排放。2012 年，中国监察部统计显示，我国水污染事故近几年每年都在 1 700 起以上，中国饮水安全面临严峻挑战。

本实验拟采用色谱-质谱联用方法，在线连续分离、检测工业废水中的有机污染物。

【实验步骤】

（1）查阅文献，了解工业废水分离、检测的研究方法，并比较各种方法的优劣、特点。

（2）查阅利用色谱、质谱联用的方法分离、检测工业废水中有机污染物的资料，拟定实验方案。

实验方案中应包括：实验目的、实验意义、实验原理、实验试剂与仪器、实验步骤、数据处理、实验结论。

（3）分组讨论实验方案，选择最优化实验方案，领取药品和仪器，分组进行实验。

（4）完成实验，归还试剂与仪器，打扫实验室。

（5）处理实验数据，完成实验报告，并上交。

【分析与讨论】

（1）数据记录请自行设计表格。将数据绘成变化趋势图，可以在 Excel 中绘制，也可用坐标纸，绘图必须完整、规范。

（2）讨论所得实验数据，并得出结论。

（3）比较讨论不同组数据。

（4）列出参考资料。

3 有机合成实验

实验 3.1 β-萘乙醚（β-ethoxynaphthalene）

β-萘乙醚又称橙花醚，是一种合成香料添加剂，其稀溶液具有类似橙花和洋槐花的香味，伴有甜味和草莓、菠萝样的香味，广泛应用于皂用香精、化妆品香精、草莓香精等调和料。β-萘乙醚还可以作为定香剂加入香料中，以减缓其挥发速度。此外，β-萘乙醚也是合成乙氧青霉素的中间体。

【实验原理】

β-萘乙醚为芳基烷基醚，常用的制备方法是利用 Williamson 成醚反应，即 β-萘酚在碱性条件下脱去质子，形成酚氧负离子，然后与溴乙烷发生亲核取代反应而制得，反应式如下：

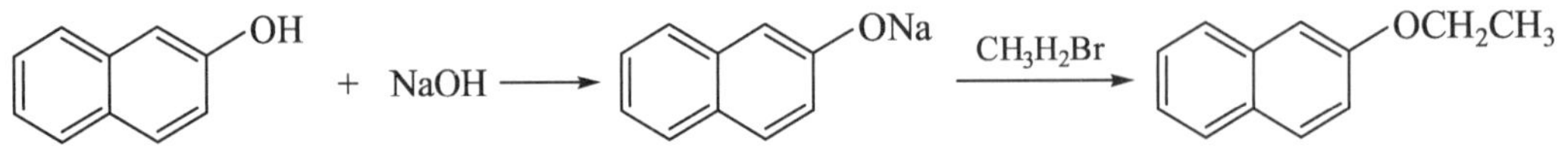

【仪器与试剂】

1. 仪 器

100 mL 圆底烧瓶，球形冷凝管，100 mL 量筒，100 mL、250 mL 烧杯，玻璃棒，布氏漏斗，抽滤瓶，磁力搅拌器，熔点仪。

2. 试 剂

β-萘酚 3.5 g（0.024 mol），溴乙烷 5.10 g（3.5 mL，0.047 mol），氢氧化钠 2.8 g（0.070 mol），无水乙醇。

主要试剂的物理常数如表 3.1 所示：

表 3.1 主要试剂的物理常数

名称	分子量 （mol wt）	熔点 /°C	沸点 /°C	比重 （d_4^{20}）	水溶解度（20 °C） /(g/100 mL)
β-萘酚	144.17	123 ~ 124	285 ~ 286	1.28	不溶于水
溴乙烷	108.97	−119	38.4	1.46	0.914
β-萘乙醚	172.22	37 ~ 38	284	1.049	不溶于水

【实验步骤】

在 100 mL 圆底烧瓶中，加入 2.8 g（0.070 mol）氢氧化钠和 35 mL 无水乙醇，搅拌使其溶解，再加入 3.5 g（0.024 mol）β-萘酚，继续搅拌，待其溶解后加入 5.10 g（3.5 mL，0.047 mol）溴乙烷。水浴加热至回流，继续搅拌反应 1.5 ~ 2 h。反应结束后冷却，在冰水浴中继续冷却并不断搅拌。晶体完全析出后，抽滤，用少量冷水洗涤固体，干燥，得粗品。用 95%乙醇重结晶后得白色片状晶体，熔点 37 ~ 38 °C。

本实验约需 4 学时。

【注释】

（1）溴乙烷沸点较低，易挥发，水浴温度不宜太高，冷凝水流速应适当加大，以避免溴乙烷逸出。

（2）反应中可能有固体析出，不影响反应进行。

（3）粗产物若颜色较深，重结晶时可加适量活性炭脱色，以获得白色晶体。

【思考题】

（1）制备 β-萘乙醚是否可用 β-溴萘与乙醇反应，为什么？

（2）可否用氢氧化钠的水溶液替代本实验所用的氢氧化钠醇溶液，为什么？

（3）Williamson 成醚反应的特点是什么？

附：β-萘乙醚的红外和 ^{1}H NMR 谱图。

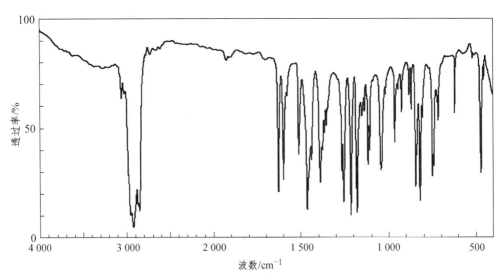

图 3.1　β-萘乙醚的红外光谱图

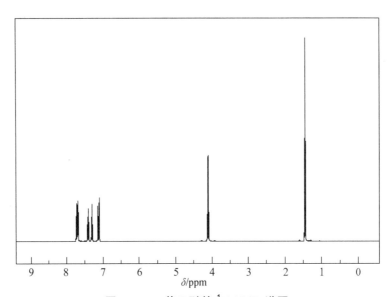

图 3.2　β-萘乙醚的 ^{1}H NMR 谱图

实验 3.2　乙酰水杨酸（Acetylsalicylic acid）

乙酰水杨酸由查理·热拉尔（Charles Frederic Gerhardt）于 1853 年用水杨酸与乙酸酐反应合成，随后由德国化学家费利克斯·霍夫曼（Felix Hoffmann）在 1899 年作为解热镇痛药物首次推出，商品名为阿司匹林（Aspirin）。阿司匹林治疗范围极广，包括感冒、发热、头痛、牙痛、关节炎痛症、风湿痛症等，还能预防手术后血栓形成、心肌梗塞和中风，故俗称"万灵药"。迄今，阿司匹林已应用超过百年，成为医药史上三大经典药物之一，至今仍是世界上应用最广泛的解热、镇痛和抗炎药，也是作为比较和评价其他药物的标准制剂。

【实验原理】

阿司匹林常见的合成方法是以乙酸酐作为酰化试剂，与邻羟基苯甲酸反应而制得。反应式如下：

水杨酸是一个具有酚羟基和羧基双官能团的化合物，在生成乙酰水杨酸的同时，也能进行酯化反应，生成酯和聚合物。主要副反应有：

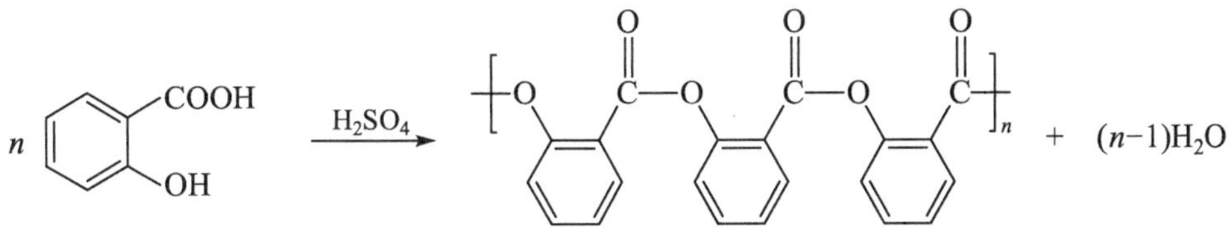

聚水杨酸

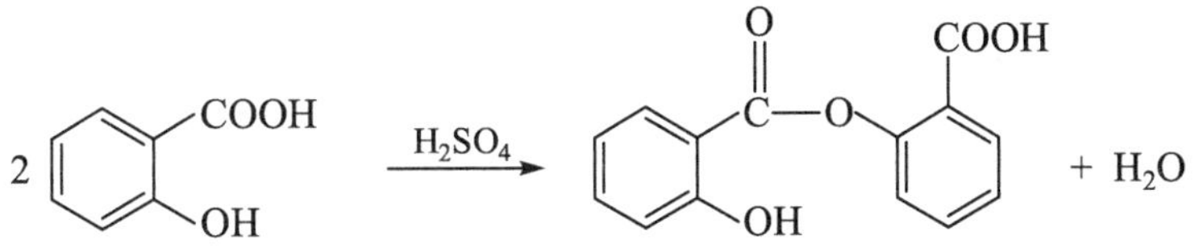

水杨酰水杨酸

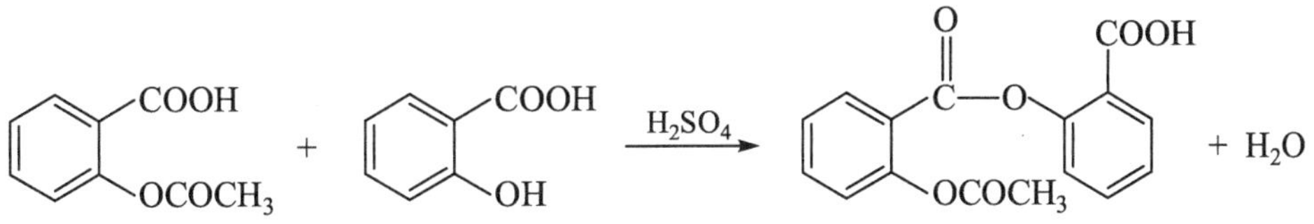

乙酰水杨酰水杨酸

乙酰水杨酸能与碳酸钠反应生成水溶性盐，而副产物聚合物不溶于碳酸钠溶液，利用这种性质上的差异，可把聚合物从乙酰水杨酸中除去。

粗产品中含有的水杨酸杂质，是由于乙酰化反应不完全或在分离纯化过程中乙酰水杨酸发生水解产生的，它可以在各步纯化过程和产物的重结晶过程中被除去。水杨酸与大多数酚类化合物一样，可与三氯化铁形成深色配合物，而乙酰水杨酸因酚羟基已被酰化，不与三氯化铁显色，因此，产品中若含有水杨酸，很容易被检验出来。

【仪器与试剂】

1. 仪　器

100 mL 圆底烧瓶，球形冷凝管，10 mL、100 mL 量筒，滴管，100 mL、250 mL 烧杯，玻璃棒，布氏漏斗，抽滤瓶，表面皿，试管，恒温水浴锅，熔点仪。

2. 试　剂

水杨酸（2 g，0.014 mol），乙酸酐（5 mL，5.4 g，0.05 mol），浓硫酸（5 滴），浓盐酸（4 ~ 5 mL），乙酸乙酯（2 ~ 3 mL），饱和碳酸钠溶液，1%三氯化铁溶液。

主要试剂的物理常数如表 3.2 所示：

表 3.2　主要试剂的物理常数

名称	分子量（mol wt）	熔点/°C	沸点/°C	比重（d_4^{20}）	水溶解度（20 °C）/(g/100 mL)
水杨酸	138.12	159	211/2.66 kPa	1.443	微溶于冷水 易溶于热水
乙酸酐	102.09	−73	139	1.082	水中分解
乙酰水杨酸	180.16	135 ~ 138	—	1.350	微溶于水
乙酸乙酯	88.12	−83.6	77.1	0.900 5	微溶于水

【实验步骤】

在 100 mL 干燥的圆底烧瓶中加入 2 g 水杨酸、5 mL 乙酸酐和 5 滴浓硫酸，振摇烧瓶使水杨酸全部溶解后，在水浴中加热 5 ~ 10 min，控制水浴温度在 75 ~ 80 °C。取出圆底烧瓶，加入 50 mL 冷水，在玻璃棒搅拌下，置于冰水浴中冷却（若无晶体析出或出现油状物，可用玻璃棒不断摩擦圆底烧瓶内壁，直至析出晶体）。待晶体完全析出后用布氏漏斗抽滤，用少量冰水分 2 次洗涤锥形瓶，再洗涤晶体，抽干。

将粗产品转移到 150 mL 烧杯中，在搅拌下慢慢加入 25 mL 饱和碳酸钠溶液，加完后继续搅拌几分钟，直到无二氧化碳气体产生为止。抽滤，副产物聚合物被滤出，用 5～10 mL 水冲洗漏斗，合并滤液，倒入预先盛有 4～5 mL 浓盐酸和 10 mL 水配成溶液的烧杯中，搅拌均匀，即有乙酰水杨酸沉淀析出。用冰水冷却，使晶体析出完全，用布氏漏斗抽滤，少量冷水洗涤 2 次，抽干水分。将晶体置于表面皿上，真空干燥，得乙酰水杨酸产品。称量，约 1.5 g。

取几粒结晶加入盛有 5 mL 水的试管中，加入 1～2 滴 1% 的三氯化铁溶液，观察有无颜色变化（若变为紫色，表明有水杨酸）。

为了得到更纯的产品，可将上述晶体的一半溶于少量（2～3 mL）乙酸乙酯中，溶解时应在水浴上小心加热，如有不溶物出现，可用预热过的小漏斗趁热过滤。将滤液冷至室温，即可析出晶体。如果没有析出晶体，可在水浴上稍加热浓缩，然后将溶液置于冰水中冷却，并用玻璃棒摩擦瓶壁，结晶后，抽滤析出的晶体，干燥后得白色晶体，熔点 135～136 ℃。

本实验约需 6 学时。

【注释】

（1）乙酸酐应新蒸，收集 139～140 ℃ 的馏分。

（2）浓硫酸可以破坏水杨酸中的分子内氢键，使水杨酸中酚羟基的酰化更容易。浓硫酸最后加入是为了避免水杨酸的氧化。

（3）阿司匹林微溶于水，水洗时，用量不能太多，应用少量冷水洗涤。

（4）产品中含水，若在烘箱中加热干燥，易水解产生水杨酸。

（5）在最后重结晶操作中，可用微型玻璃漏斗过滤，以避免用大漏斗黏附的损失。

最后的重结晶也可用乙醇-水混合溶剂，方法是：将晶体放入磨口圆底烧瓶中，加入 10 mL 95% 乙醇，接上球形冷凝管，在水浴中加热溶解后，移去热源，取下冷凝管，滴入冷蒸馏水至沉淀析出，再加入 2 mL 冷蒸馏水，待析出完全后，抽滤，以少量冷蒸馏水洗涤晶体 2 次，抽干，取出晶体，用滤纸压干，再用蒸汽浴干燥，称量。

（6）乙酰水杨酸受热易分解，分解温度为 128～135 ℃。测定熔点时，应在熔点仪温度达到 120 ℃ 左右时再放入样品测量。

【思考题】

（1）本实验为什么不能在回流下长时间反应？

（2）反应后加水的目的是什么？

（3）反应中有哪些副产物产生，如何除去？

（4）当结晶困难时，可用玻璃棒在器皿壁上充分摩擦，即可析出晶体。试述其原理。除此之外，还有什么方法可以让其快速结晶？

附：乙酰水杨酸的红外和 ^{1}H NMR 谱图。

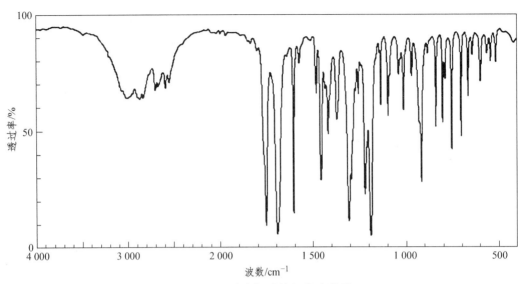

图 3.3　乙酰水杨酸的红外光谱图

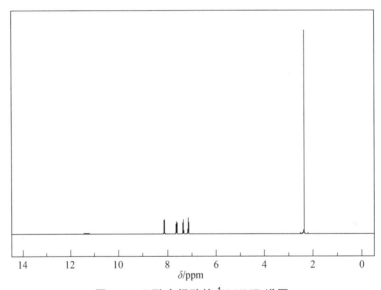

图 3.4　乙酰水杨酸的 ^{1}H NMR 谱图

实验 3.3 *ε*-己内酰胺（*ε*-caprolactam）

己内酰胺（Caprolactam，CPL）是 6-氨基己酸（*ε*-氨基己酸）的内酰胺，也可看作己酸的环状酰胺。己内酰胺是重要的有机化工原料之一，主要用途是通过聚合生成聚己内酰胺，主要用于生产合成纤维，即卡普隆（抗拉强度和耐磨性优异，有弹性），也用作工程塑料，用于制造齿轮、轴承、管材、医疗器械及电气、绝缘材料等，还用于涂料、塑料剂及少量地用于合成赖氨酸等。

【实验原理】

醛、酮类化合物能与羟胺反应生成肟。肟是一类具有一定熔点的结晶形化合物，易于分离和提纯。肟在酸（如硫酸、五氯化磷）作用下，发生分子内重排，生成酰胺的反应称为 Beckmann 重排。其机理为

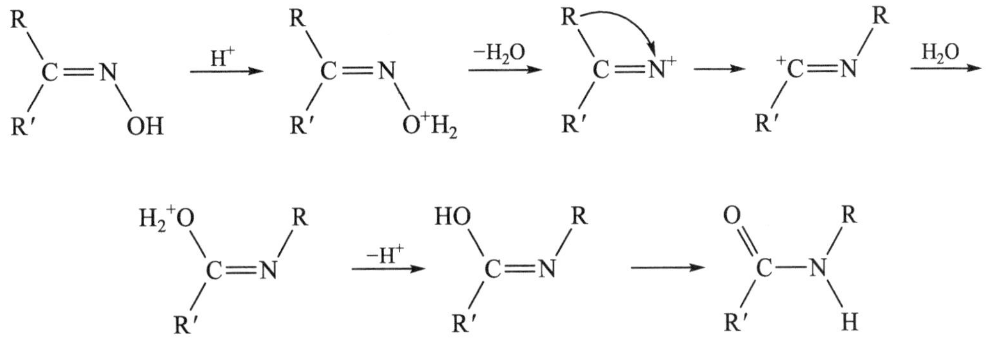

Beckmann 重排时，总是羟基和它处于反位的基团对调位置（反式位移）。利用 Beckmann 重排，不仅可以测定生成酮肟的酮的结构，而且可以合成某些用常规方法难于合成的酰胺，比如*ε*-己内酰胺，若通过 6-氨基己酸发生分子内酰化反应，则需克服较大的环张力，且副反应较多。本实验的反应式如下：

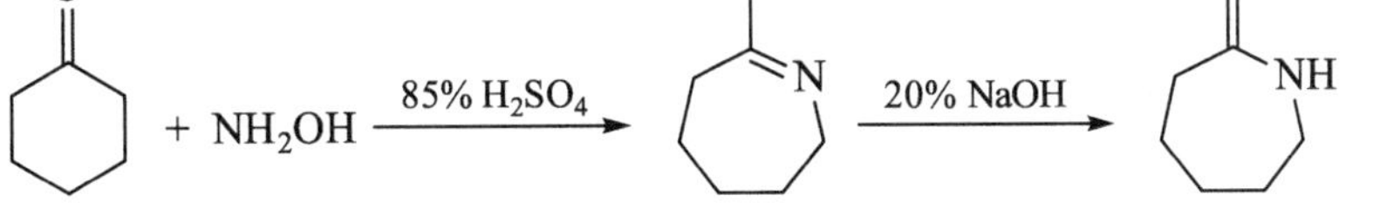

【仪器与试剂】

1. 仪　器

250 mL 锥形瓶，10 mL、100 mL 量筒，滴管，100 mL、250 mL 烧杯，滴液漏斗，分液漏斗，玻璃棒，布氏漏斗，抽滤瓶，蒸馏头，直形冷凝管，尾接管，表面皿，酒精灯，熔点仪。

2. 试　剂

环己酮 9.6 g（10.5 mL，0.1 mol），盐酸羟胺 9.6 g（0.14 mol），结晶乙酸钠 14 g，浓硫酸，20%氨水，氯仿，无水硫酸钠。

主要试剂的物理常数如表 3.3 所示：

表 3.3　主要试剂的物理常数

名称	分子量（mol wt）	熔点/°C	沸点/°C	比重（d_4^{20}）	水溶解度（20 °C）/(g/100 mL)
环己酮	98.14	−47	155	0.947	19
盐酸羟胺	69.49	155～158	—	1.67	56
环己酮肟	113.16	89～90	206～210	1.10	小于 0.1
己内酰胺	113.16	69～70	268	—	456

【实验步骤】

1. 环己酮肟的制备

在 250 mL 锥形瓶，加入 9.8 g 盐酸羟胺和 14 g 结晶乙酸钠，用 30 mL 水将固体溶解，小火加热此溶液至 35～40 °C。分批慢慢加入 10.5 mL 环己酮，边加边摇动反应瓶，很快有固体析出。加完后用橡皮塞塞住瓶口，并不断激烈振荡瓶子 5～10 min。环己酮肟呈白色粉状固体析出。冷却后抽滤，粉状固体用少量水洗涤，抽干后置于培养皿中干燥，得白色晶体，熔点 89～90 °C。

2. 环己酮肟重排制备己内酰胺

在 100 mL 烧杯中加入 6 mL 冷水，在冷水浴冷却下小心地慢慢加入 8 mL 浓硫酸，配得 70%的硫酸溶液。在另一小烧杯中加入 7 g 干燥的环己酮肟，用 7 mL 70%的硫酸溶解后，转入滴液漏斗，烧杯用 1.5 mL 70%硫酸洗涤后并入滴液漏斗。在一 250 mL 烧杯中加入 4.5 mL 70%硫酸，用木夹夹住烧杯，用小火加热至 130～135 °C，缓缓搅拌，在此温度下，边搅拌边滴加环己酮肟溶液，滴完后继续搅拌 5～10 min。反应液冷却至 80 °C 以下，再用冰盐浴冷却至 0～5 °C。在冷却下，边搅拌边小心地通过滴液漏斗滴加浓氨水（约 25 mL）至 pH=8，滴加过程中控制温度不超过 20 °C。用少量水（不超过 10 mL）溶解固体。反应液倒入分液漏斗，用氯仿萃取 3 次，每次 10 mL。合并氯仿层，用无水 Na$_2$SO$_4$ 干燥后，常压蒸馏除去氯仿。残液进行减压蒸馏，收集 127 ~ 133 ℃/7 mmHg[①]馏分。馏出物很快固化成无色晶体，熔点 69 ~ 70 ℃。

【注释】

（1）与羟胺反应时温度不宜过高。加完环己酮以后，充分摇荡反应瓶使反应完全，若环己酮肟呈白色小球状，则表示反应未完全，需继续振摇。

（2）配制 70% 硫酸溶液时是将酸倒入水中，绝不可搞错。因稀释时放热强烈，必须水浴冷却。

（3）重排反应很激烈，保持温度在 130 ~ 135 ℃，滴加过程中必须一直加热。温度均不可太高，以免副反应增加。

（4）用氨水中和时会大量放热，故滴加氨水尤其要放慢滴加速度；否则温度太高，将导致酰胺水解。

（5）己内酰胺为低熔点固体，减压蒸馏过程中极易固化析出，堵塞管道，可采用空气冷凝管，并用电吹风在外壁加热等方法，防止固体析出。

【思考题】

（1）在制备环己酮肟时，加入醋酸钠的目的是什么？

（2）用氨水中和时，反应温度过高，将发生什么反应？

（3）某肟经 Beckmann 重排后得到 CH$_3$CONHC$_2$H$_5$，推测该肟的结构。

附：己内酰胺的红外和 ^{1}H NMR 谱图。

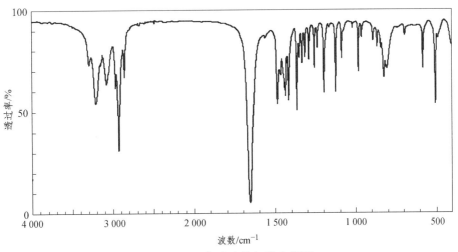

图 3.5　己内酰胺的红外光谱图

---

① 压强的 SI 制单位为 Pa，但现阶段在医疗器材、高低压操作仪器等仪器本身的读数装置中，大多采用 mmHg 为单位，为使学生了解、熟悉科研、生产实际，本书予以保留。1 mmHg = 133 Pa ——编者注

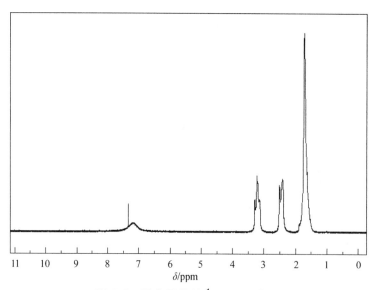

图 3.6 己内酰胺的 ^{1}H NMR 谱图

实验 3.4　2-甲基-2-己醇（2-Methyl-2-hexanol）

【实验原理】

卤代烷烃与金属镁在无水乙醚中反应生成烃基卤化镁（又称 Grignard 试剂）；Grignard 试剂能与羰基化合物等发生亲核加成反应，其加成产物用水分解可得到醇类化合物。

Grignard 反应必须在无水和无氧条件下进行，因为微量的水和氧的存在，不但阻碍卤代烷和镁之间的反应，同时会破坏 Grignard 试剂而影响产率。因此，反应时最好用氮气赶走反应瓶中的空气。一般用乙醚做溶剂时，由于乙醚的挥发性大，也可以借此赶走反应瓶中的空气。

此外，在 Grignard 反应进行过程中，有热量放出，所以滴加速度不宜过快，必要时反应瓶需用冷水冷却。在制备 Grignard 试剂时，一般先加入少量的卤代烷和镁作用，待反应引发后，再将其余的卤代烷逐渐滴入。调节滴加速度，使乙醚溶液保持微沸状态。对于活性较差的卤代烷或反应不易发生时，可采取加热或加入少许碘粒来引发反应。

Grignard 试剂制成后，立即进行下一步合成。进一步加入醛、酮后，形成新的加成物。此加成物在酸性条件下水解，得到醇。水解反应是放热反应，故要在冷却下进行。本实验反应式为

$$n\text{-}C_4H_9Br + Mg \xrightarrow{\text{无水乙醚}} n\text{-}C_4H_9MgBr \xrightarrow{CH_3COCH_3} \underset{\underset{OMgBr}{|}}{n\text{-}C_4H_9C(CH_3)_2} \xrightarrow{H_3O^+} \underset{\underset{OH}{|}}{n\text{-}C_4H_9C(CH_3)_2}$$

【仪器与试剂】

1. 仪　器

100 mL 三口瓶，50 mL、100 mL 圆底烧瓶，10 mL、100 mL 量筒，滴管，100 mL、250 mL 烧杯，滴液漏斗，分液漏斗，玻璃棒，蒸馏头，球形冷凝管，直形冷凝管，尾接管，表面皿，恒温水浴锅，酒精灯，温度计。

2. 试　剂

正溴丁烷 9.95 g（7.8 mL，0.046 mol），丙酮 3.78 g（4.8 mL，0.061 mol），镁（1.55 g，0.064 mol），无水乙醚，氯化钙，10%硫酸溶液，5%碳酸钠溶液，无水硫酸钠。

主要试剂的物理常数如表 3.4 所示：

表 3.4 主要试剂的物理常数

名称	分子量 (mol wt)	熔点 /°C	沸点 /°C	比重 (d_4^{20})	折射率 (n_D^{20})
正溴丁烷	132.99	−112.4	101.6	1.275 8	1.275 8
丙酮	58.08	−94.9	56.53	0.788 0	1.358 8
2-甲基-2-己醇	116.20	−103	141~142	0.811 9	1.417 5

【实验步骤】

1. 正丁基溴化镁的制备

在 100 mL 三口烧瓶上分别装上搅拌器、回流冷凝管及滴液漏斗，在冷凝管及滴液漏斗上端装上氯化钙干燥管。瓶内放置 1.55 g（0.064 mol）镁屑或除去氧化膜的镁条、10 mL 无水乙醚及一小粒碘片（可引发反应）。在滴液漏斗中混合 7.8 mL（0.046 mol）正溴丁烷和 10 mL 无水乙醚。先向瓶内滴入 3~4 mL 混合液，约 5 min 后即可见溶液呈微沸状态，碘的颜色消失，溶液浑浊。若不反应，可用温水浴加热。反应开始比较激烈，必要时可用冷水冷却。待反应缓和后，自冷凝管上端加入 15 mL 乙醚，开动搅拌器，并滴入其余的正溴丁烷与乙醚的混合液。控制滴加速度，使反应液呈微沸状态。滴加完后，在水浴上加热回流 20 min，使镁屑几乎作用完全。

2. 2-甲基-2-己醇的制备

将上面制好的 Grignard 试剂在冰水浴冷却和搅拌下，从滴液漏斗中加入 4.8 mL（0.061 mol）丙酮和 6 mL 无水乙醚的混合液，控制滴加速度在 1~2 滴/s，防止反应过于激烈，不时冷却反应瓶。加完后在室温下继续搅拌约 10 min，溶液中有少许白色稠状固体析出。

将反应瓶在冰水浴冷却和搅拌下，自滴液漏斗分批加入约 50 mL 10%硫酸溶液，分解产物（开始滴加速度为 1 滴/s，以后逐渐快至 5 滴/s）。待分解完后，将溶液倒入分液漏斗中，分出醚层。水层每次用 10 mL 乙醚萃取 2 次，合并醚层，用 15 mL 5%碳酸钠溶液洗涤一次，再用无水碳酸钾干燥。

将干燥后的粗产物滤入 100 mL 圆底烧瓶中，先用温水浴蒸除乙醚，再用电热套蒸出产物。收集 138~142 °C 馏分，产量 3~4 g。纯 2-甲基-2-己醇的沸点为 143 °C，折光率 n_D^{20} = 1.417 5。

本实验约需 8 学时。

【注释】

（1）本实验所用仪器必须充分干燥，正溴丁烷用无水氯化钙干燥并蒸馏纯化，丙酮用无水碳酸钾干燥，也经蒸馏纯化。

（2）不宜使用长期放置的镁屑，如长期放置，镁屑表面常有一层氧化膜，可采用以下方法除去：用 5%盐酸作用数分钟，抽滤除去酸液后，依次用水、乙醇、乙醚洗涤。抽干后置于干燥器内备用；也可用镁带代替镁屑，使用前用细砂纸将其表面擦亮，剪成小段。

（3）正溴丁烷局部浓度较大时，易于发生反应，故搅拌应在反应开始后进行。若 5 min后反应仍不进行，可用温水浴温热，或在加热前再加一小粒碘，促使反应开始。

（4）反应结束时，可能有镁条未反应完全，但对后续实验操作没有影响。

（5）加稀硫酸酸化时，反应混合液也必须充分冷却，且还滴加入。

（6）2-甲基-2-己醇与水能形成共沸物，因此必须彻底干燥，否则前馏分将大大增加。

【思考题】

（1）进行 Grignard 反应时，为什么试剂和仪器必须绝对干燥？

（2）本实验有哪些副反应，如何避免？

（3）本实验的粗产物可否用无水氯化钙干燥，为什么？

附：2-甲基-2-己醇的红外和 ^{1}H NMR 谱图。

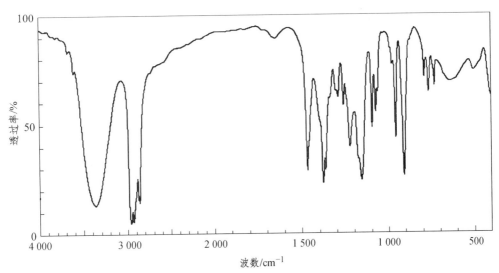

图 3.7　2-甲基-2-己醇的红外光谱图

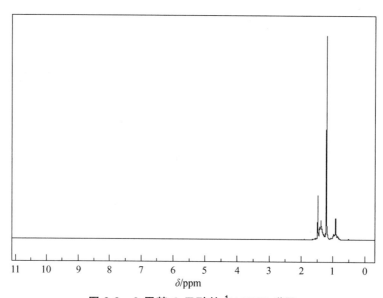

图 3.8 2-甲基-2-己醇的 ^{1}H NMR 谱图

δ/ppm

实验 3.5　香豆素-3-羧酸
（Coumarin-3-carboxylic acid）

香豆素，又名香豆精，学名为 1, 2-苯并吡喃酮，为白色斜方晶体或结晶粉末，具有顺式邻羟基肉桂酸（苦马酸）的内酯结构，它是一大类存在于植物界的香豆素类化合物的母核。香豆素最早是 1820 年从香豆的种子中发现的，也存在于其他许多天然植物中，如熏衣草、桂皮精油。香豆素具有甜味且有香茅草的香气，是重要的香料，常用作定香剂，可用于配制香水、花露水香精等，也可用于一些橡胶制品和塑料制品，其衍生物还可用于农药、杀鼠剂、医药等。

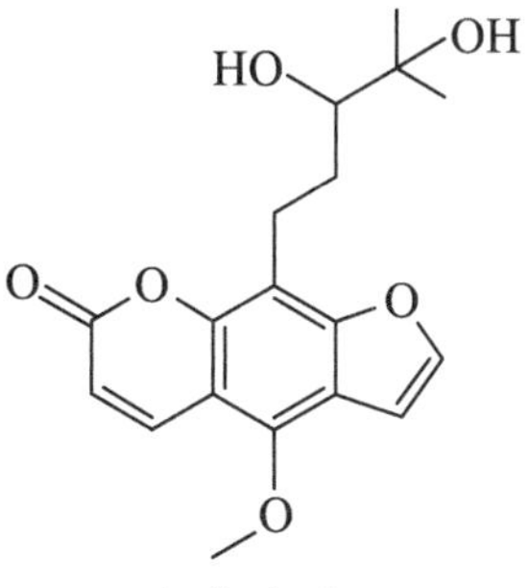

白芷内酯 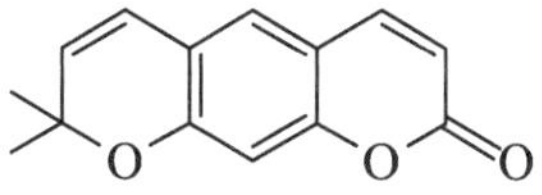　　　　　　　　花椒内酯 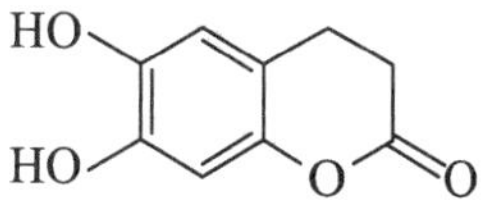　　　　　　　　七叶内酯

天然植物中香豆素含量很少，大量是通过合成获得的。1868 年，Perkin 用邻羟基苯甲醛（水杨醛）与醋酸酐、醋酸钾加热反应制得，称为 Perkin 合成法。反应如下

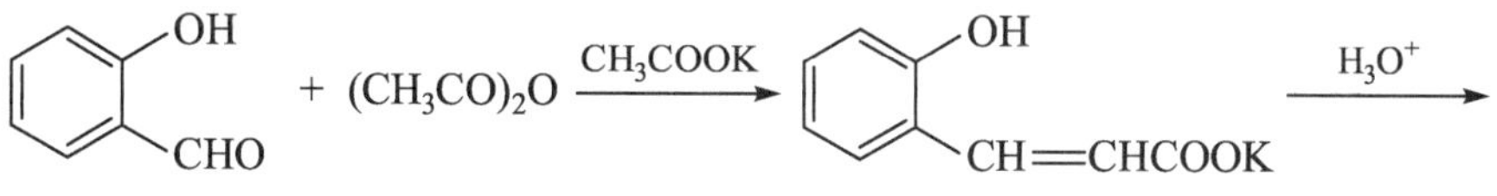

邻羟基肉桂酸钾

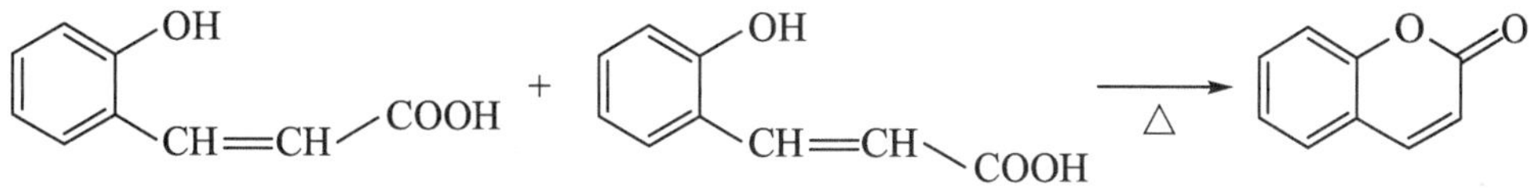

苦马酸　　　　　　　　香豆酸　　　　　　　　香豆素

水杨醛和乙酸酐首先在碱性条件下缩合，经酸化后生成邻羟基肉桂酸，接着在酸性条件下闭环成香豆素。Perkin 反应存在着反应时间长，反应温度高，产率有时不好等缺点。

【实验原理】

本实验采用 Knoevenagel 反应，用水杨醛与丙二酸酯在六氢吡啶的催化下缩合，生成香

豆素-3-甲酸乙酯，后者加碱水解，此时酯基和内酯均被水解，然后经酸化再次闭环形成内酯，即为目标化合物香豆素-3-羧酸。反应式如下：

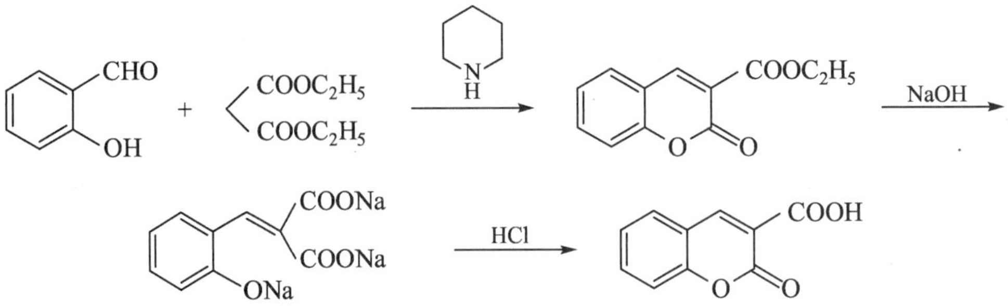

【仪器与试剂】

1. 仪 器

100 mL 圆底烧瓶，100 mL 锥形瓶，10 mL、100 mL 量筒，滴管，干燥管，100 mL、250 mL 烧杯，滴液漏斗，分液漏斗，玻璃棒，布氏漏斗，抽滤瓶，表面皿，酒精灯，熔点仪。

2. 试 剂

水杨醛 3.0 g（2.5 mL，0.024 mol），丙二酸二乙酯 4.3 g（4.1 mL，0.027 mol），无水乙醇，六氢吡啶，冰醋酸，95%乙醇，氢氧化钠，浓盐酸，无水氯化钙。

主要试剂的物理常数如表 3.5：

表 3.5　主要试剂的物理常数

名称	分子量（mol wt）	熔点/°C	沸点/°C	比重（d_4^{20}）	水溶解度（20 °C）/(g/100 mL)
水杨醛	122.12	1～2	197	1.146	略溶于水
丙二酸二乙酯	160.17	−50	199	1.055	2.08
六氢吡啶	85.15	−13	106	0.861	易溶于水
香豆素-3-甲酸乙酯	218.21	93	—	—	不溶于水
香豆素-3-羧酸	190.15	190～193	—	—	0.83

【实验步骤】

1. 香豆素-3-甲酸乙酯的制备

在干燥的 100 mL 圆底烧瓶中依次加入 2.5 mL 水杨醛、4.1 mL 丙二酸二乙酯、15 mL 无水乙醇、0.3 mL 六氢吡啶、一滴冰醋酸和几粒沸石，装上配有无水氯化钙干燥管的球形冷凝管后，在水浴上加热回流 2 h。

反应液稍冷后转移到装有 12 mL 水的锥形瓶中，置于冰水浴中冷却并不断搅拌，有结晶析出。待晶体析出完全后，抽滤，每次用 3 ~ 4 mL 冰水浴冷却过的 50%乙醇洗涤晶体 2 ~ 3 次，得到的白色晶体为香豆素-3-甲酸乙酯的粗产物，干燥后产量 3.5 ~ 4.5 g，熔点 91 ~ 92 ℃（纯香豆素-3-甲酸乙酯熔点 93 ℃）。进一步纯化可用 25%的乙醇-水溶液重结晶。

2. 香豆素-3-羧酸的制备

在 50 mL 圆底烧瓶中加入上述自制的 3 g 香豆素-3-甲酸乙酯、2.3 g NaOH、15 mL 95% 乙醇和 8 mL 水，加入几粒沸石。装上冷凝管，水浴加热使酯溶解，然后继续加热回流 15 min。停止加热，将反应瓶置于温水浴中，用滴管吸取温热的反应液，滴入盛有 8 mL 浓盐酸和 40 mL 水的锥形瓶中，边滴边摇动锥形瓶，可观察到有白色结晶析出。滴完后，用冰水浴冷却锥形瓶，使结晶完全。抽滤晶体，用少量冰水洗涤，压紧，抽干。干燥后得产物约 2.3 g，熔点 188.5 ℃。粗品用水重结晶后得纯品，纯香豆素-3-羧酸熔点为 190 ℃（分解）。

本实验约需 10 学时。

【注释】

（1）加入 50%乙醇溶液的作用是洗去粗产物中的黄色杂质。

（2）香豆素-3-羧酸在水中溶解度较小，重结晶时需用较大量的水。

【思考题】

（1）试写出本反应的反应机理，并指出反应中加入醋酸的目的是什么？

（2）香豆素-3-羧酸受热分解可能的产物是什么？

（3）如何从香豆素-3-羧酸制备香豆素？

附：香豆素-3-羧酸的红外和 ¹H NMR 谱图。

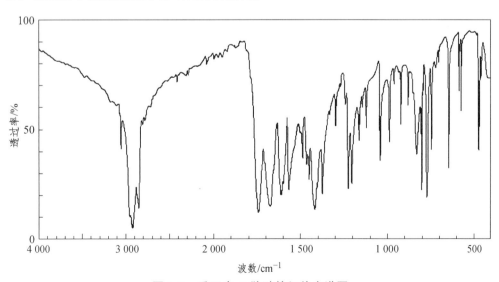

图 3.9　香豆素-3-羧酸的红外光谱图

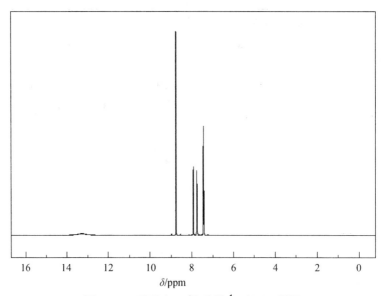

图 3.10　香豆素-3-羧酸的 ^{1}H NMR 谱图

实验 3.6　内型-降冰片-顺-5, 6-二羧酸酐
（endo-norbornene-*cis*-5, 6-dicarboxylic anhydride）

1928 年，德国化学家奥托·第尔斯（Otto Diels）和他的学生库尔特·阿尔德（Kart Alder）首次发现和记载一种新型反应（Diels-Alder 反应，简称 D-A 反应），用很少能量就可以合成六元环，且反应极易进行并且反应速度快，应用范围极广泛，是合成环状化合物的一个非常重要的方法。

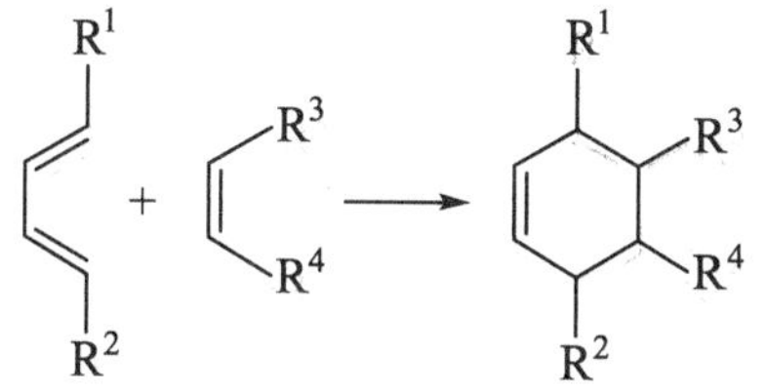

它是以共轭双烯与含活化基团的双键或三键（亲双烯体）分子的 1, 4-加成反应，即一个 4π电子体系对 2π电子体系的加成，该反应也称为[4 + 2]环加成反应。反应时，双烯体和亲双烯体彼此靠近，互相作用，形成一个环状过渡态，然后逐渐转化为产物分子：

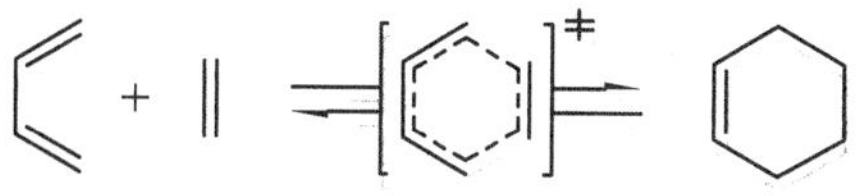

双烯体　亲双烯体　环状过渡态　产物

Diels-Alder 反应一般是由双烯体的 HOMO（最高已占轨道）与亲双烯体的 LUMO（最低未占轨道）发生作用。反应过程中，电子从双烯体的 HOMO "流入" 亲双烯体的 LUMO。也有由双烯体的 LUMO 与亲双烯体的 HOMO 作用发生反应的。

HOMO　　　　　　　　　　　　　　　　　LUMO

LUMO　　　　　　　　　　　　　　　　　HOMO

Diels-Alder 反应一般具有以下特点：
（1）反应条件简单，通常在室温或在适当的溶剂中回流即可。
（2）副反应少，产物易于分离纯化。
（3）共轭双烯以 *S*-顺式构象参与反应，两个双键固定在反位的二烯烃不能反应，如

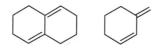

（4）反应按顺式加成方式进行的，反应物原来的构型关系仍保留在环加成产物中。例如：

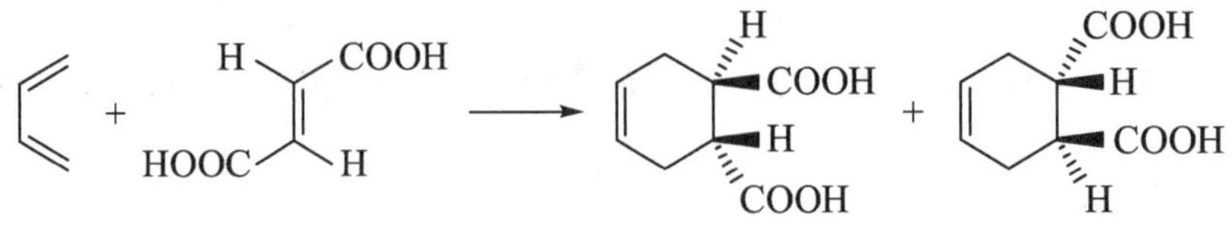

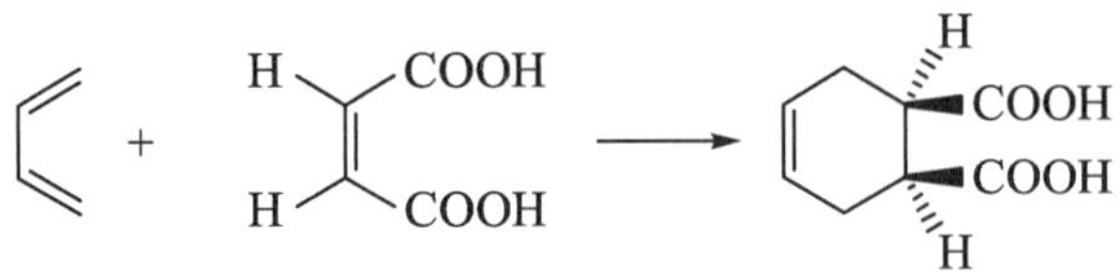

（5）反应优先生成内型（endo）加成产物，例如：

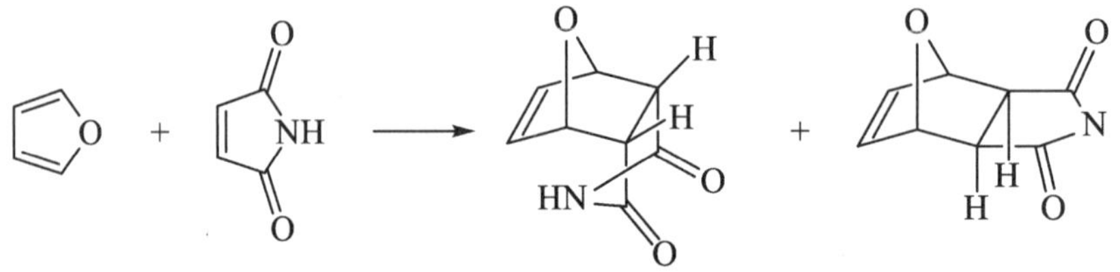

endo（内型）　　　　exo（外型）

　　由于 Diels-Alder 反应一次生成两个碳碳键和最多四个相邻的手性中心，在有机合成，特别在一些复杂天然化合物的合成中具有广泛的应用。

【实验原理】

　　本实验是环戊二烯与顺丁烯二酸酐的 Diels-Alder 加成，得到的主要是内型产物。

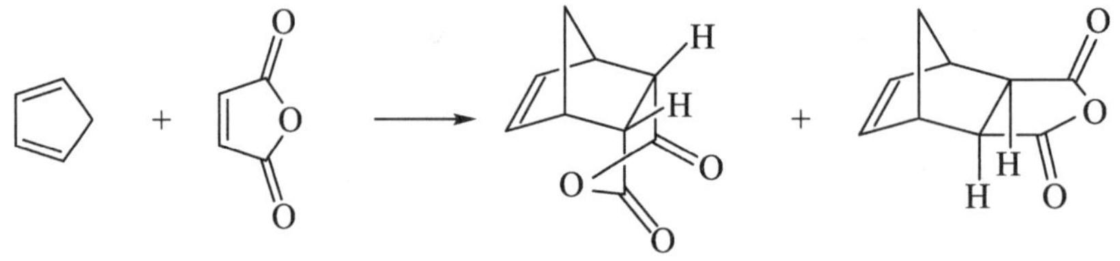

endo（内型）　　　　exo（外型）
>98.5%　　　　　　　<1.5%

【仪器与试剂】

1. 仪　器

　　50 mL 锥形瓶，10 mL、100 mL 量筒，滴管，100 mL、250 mL 烧杯，玻璃棒，布氏漏斗，抽滤瓶，表面皿，恒温水浴锅，熔点仪。

72

2. 试　剂

环戊二烯 1.6 g（2 mL，0.025 mol），顺丁烯二酸酐 2 g（0.02 mol），乙酸乙酯，石油醚（b.p. 60～90 ℃）。

主要试剂的物理常数如表 3.6 所示：

表 3.6　主要试剂的物理常数

名　称	分子量（mol wt）	熔点/℃	沸点/℃	比重（d_4^{20}）	水溶解度（20 ℃）/(g/100 mL)
环戊二烯	66.10	−85	42.5	0.80	不溶于水
顺丁烯二酸酐	98.06	52.8	202	1.48	溶于水
内型-降冰片-顺-5,6-二羧酸酐	164.16	164～165	—	1.417	遇水水解

【实验步骤】

在干燥的 50 mL 锥形瓶中加入 2 g（0.02 mol）顺丁烯二酸酐和 7 mL 乙酸乙酯，在水浴上温热溶解后加入 7 mL 石油醚（b.p. 60～90 ℃），摇匀后置冰浴中冷却（此时可能有少许固体析出，但不影响反应）。加入 2 mL 新蒸的环戊二烯（1.6 g，0.024 mol），摇振反应，必要时用冰浴冷却，以防止环戊二烯挥发损失。待反应不再放热时，瓶中已有白色晶体析出。用水浴加热使晶体溶解，再慢慢冷却，得到内型-降冰片-顺-5,6-二羧酸酐白色针状结晶。抽滤收集晶体，干燥后称量，质量为 2.4～2.5 g，m.p. 164～165 ℃。

上述得到的酸酐很容易水解为内型-顺二酸。取 1 g 酸酐，置于锥形瓶中，加入 15 mL 水，加热至沸使固体和油状物完全溶解后，让其自然冷却，析出白色棱状结晶，约 0.5 g，熔点 178～180 ℃。

本实验约需 4 学时。

【注释】

（1）顺丁烯二酸酐及其加成产物都易水解成相应二元羧酸，故所用全部仪器、试剂及溶剂均需干燥，并注意防止水或水汽进入反应系统。

（2）环戊二烯在室温下易聚合为二聚体，市售环戊二烯都是二聚体。二聚体在 170 ℃ 以上可解聚为环戊二烯，方法如下：

将二聚体置于圆底烧瓶中，瓶口安装 30 cm 长的韦氏分馏柱，缓缓加热解聚。产生的环戊二烯单体沸程为 40～42 ℃，因此需控制分馏柱顶的温度不超过 45 ℃，并用冰水浴冷却接收瓶。如果这样分馏所得的环戊二烯浑浊，可能是潮气侵入所致，可用无水氯化钙干燥。馏出的环戊二烯应尽快使用。如确需短期存放，可密封放置在冰箱中。

【思考题】

（1）环戊二烯为什么容易二聚发生 Diels-Alder 反应？

（2）Diels-Alder 反应的特点是什么？

附：内型-降冰片-顺-5,6-二羧酸的红外和 ^{1}H NMR 谱图。

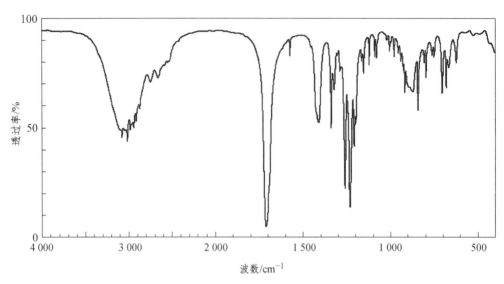

图 3.11　内型-降冰片-顺-5,6-二羧酸的红外光谱图

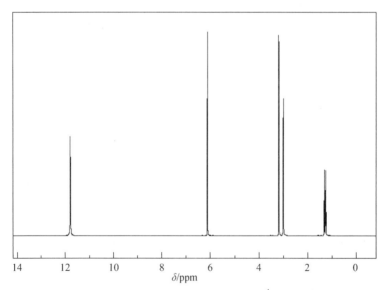

图 3.12　内型-降冰片-顺-5,6-二羧酸的 ^{1}H NMR 谱图

实验 3.7　*S*-α-苯乙胺
（L-1-Phenylethylamine）

在非手性条件下，由一般合成反应所得的手性化合物为等量的对映体组成的外消旋体，故无旋光性。利用拆分的方法，把外消旋体的一对对映体分成纯净的左旋体和右旋体，即外消旋体的拆分。1848 年，Louis Pasteur 首次利用物理方法拆分了一对酒石酸盐的晶体，对映异构现象由此被发现。但这种方法并不适用于大多数外消旋化合物拆分。

拆分外消旋体最常用的方法是利用化学反应把对映体变为非对映体。如果手性化合物分子中含有一个易于反应的极性基团，如羧基、氨基等，就可以使它与一个纯的旋光化合物（拆解剂）反应，从而把一对对映体变成两种非对映体。由于非对映体具有不同的物理性质，如溶解性、结晶性等，利用结晶等方法将它们分离、精制，然后再去掉拆解剂，就可以得到纯的旋光化合物，达到拆分目的。

实际工作中，要得到单个旋光纯的对映体并不容易，往往需要冗长的拆分操作和反复重结晶才能完成。常用的拆解剂有马钱子碱、奎宁和麻黄碱等旋光纯的生物碱（拆分外消旋的有机酸）以及酒石酸、樟脑磺酸等旋光纯的有机酸（拆分外消旋的有机碱）。

外消旋的醇通常先与丁二酸酐或邻苯二甲酸酐形成单酯，用旋光醇的碱把酸拆分，再经碱性水解得到单个旋光性的醇。此外，还有利用酶对其底物的高度空间专一性的反应性能，即生化的方法或利用具有光学活性的吸附剂进行直接层析，把一对光学异构体分开。

对映体的完全分离当然是最理想的，但是实际工作中很难做到这一点，常用光学纯度表示被拆分后对映体的纯净程度，它等于样品的比旋光除以纯对映体的比旋光。

光学纯度（op）= 样品的[α]/纯物质的[α] × 100%。

【实验原理】

苯乙酮和甲酸铵在高温下发生 R. Leuckart 反应生成 α-苯乙胺：

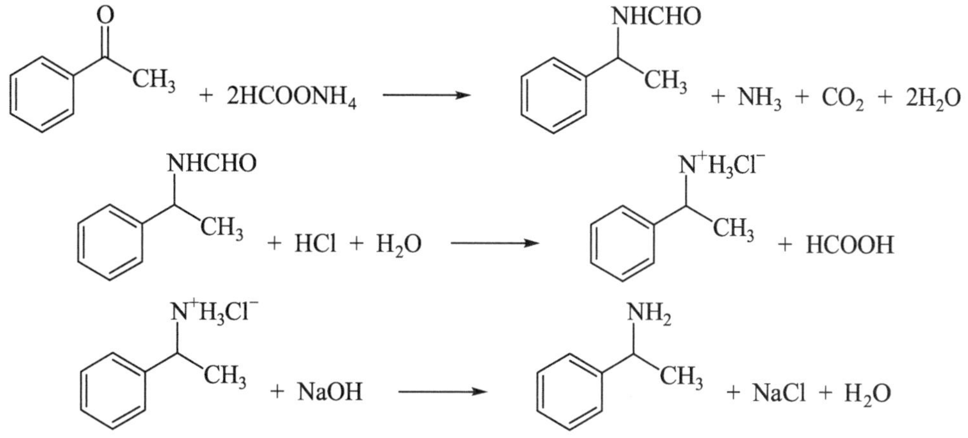

反应中甲酸铵首先分解产生氨，与羰基发生亲核加成，然后脱水产生亚胺，亚胺随后被还原成胺。这里的亚胺被还原不是通过催化氢化，而是被甲酸还原，反应历程如下：

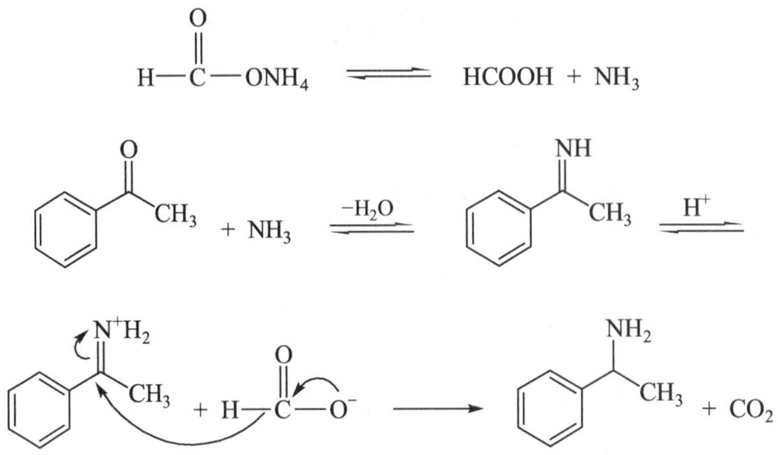

外消旋 α-苯乙胺的拆分以(+)-酒石酸为拆解剂，它与外消旋 α-苯乙胺形成非对映异构体的盐。反应如下：

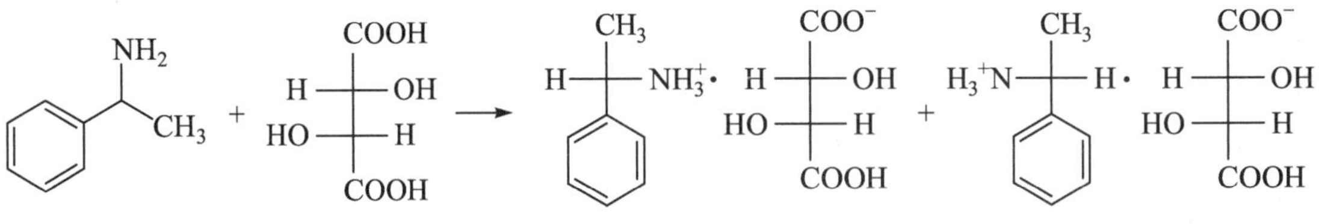

| (±)-α-苯乙胺 | (±)-酒石酸 | (+)-胺·(+)-酸盐 | (−)-胺·(+)-酸盐 |

旋光纯的酒石酸在自然界含量颇为丰富，它是葡萄酒酿造过程的副产物。外消旋苯乙胺与(+)-酒石酸成盐后变为非对映异构体，由于(−)-胺·(+)-酸盐非对映体比另一种非对映体在甲醇中的溶解度小，易从溶液中结晶析出，再经稀碱处理后，使(−)-α-苯乙胺游离出来。母液中的(+)-胺·(+)-酸盐经提纯后可得另一个非对映体的盐，经稀碱处理后，得(+)-α-苯乙胺。本实验只分离(−)-α-苯乙胺。

【仪器与试剂】

1. 仪 器

20 mL、100 mL 圆底烧瓶，100 mL 三颈瓶，直形冷凝管，蒸馏头，尾接管，温度计，10 mL、100 mL 量筒，滴管，100 mL、250 mL 烧杯，滴液漏斗，分液漏斗，玻璃棒，移液管，布氏漏斗，抽滤瓶，pH 试纸，表面皿，酒精灯，恒温水浴锅，旋光仪，熔点仪。

76

2. 试　剂

（＋）-酒石酸 6.3 g（0.041 mol），苯乙酮 12 g（11.8 mL，0.1 mol），甲酸铵 20 g（0.32 mol），甲醇，乙醚，50%氢氧化钠，氯仿，浓盐酸，氢氧化钠，甲苯，乙醚。

主要试剂的物理常数如表 3.7 所示：

表 3.7　主要试剂的物理常数

名称	分子量（mol wt）	熔点/°C	沸点/°C	比重（d_4^{20}）	比旋光度 $[\alpha]_D^{25}$	水溶解度（20 °C）/(g/100 mL)
苯乙酮	120.15	20.5	205.6	1.028	0	微溶于水
甲酸铵	63.06	115～120	—	1.260	0	易溶于水
（＋）-酒石酸	150.09	168～172	—	1.760	12	139
（±）-α-苯乙胺	121.18	−65	187	0.952	0	4.2
（＋）-α-苯乙胺	121.18	−10	187	0.952	＋40	略溶于水
（−）-α-苯乙胺	121.18	−10	187	0.952	−40	略溶于水

【实验步骤】

1. α-苯乙胺的制备

在 100 mL 蒸馏瓶中加入 11.8 mL 苯乙酮、20 g 甲酸铵和沸石，蒸馏头上插入接近瓶底的温度计，侧口连接冷凝管，装配成简单的蒸馏装置。在石棉网上用小火加热反应混合物至 150～155 °C，甲酸铵开始熔化并分为两相，然后逐渐变为均相，反应物剧烈沸腾，并有水和苯乙酮蒸出，同时不断产生泡沫，放出氨气。继续缓缓加热至温度达到 185 °C，停止加热，通常约需要 1.5 h。反应过程中可能会在冷凝管上生成一些固体碳酸铵，需暂时关闭冷凝水使固体溶解，避免堵塞冷凝管。将馏出物转入分液漏斗，分出苯乙酮层，重新倒回反应瓶，再继续加热 15 h，控制反应温度不超过 185 °C。将反应物冷却至室温，转入分液漏斗中，用 15 mL 水洗涤，以除去甲酸铵和甲酰胺，分出 N-甲酰-α-苯乙胺粗品，将其倒回原反应瓶。水层每次用 6 mL 氯仿萃取两次，合并萃取液，也倒回反应瓶，弃去水层。向反应瓶中加入 12 mL 浓盐酸和沸石，蒸出所有氯仿，再继续保持微沸回流 30～45 min，使 N-甲酰-α-苯乙胺水解。将反应物冷却至室温，如有结晶析出，加入最少量的水让其溶解。然后每次用 6 mL 氯仿萃取 3 次，合并萃取液，倒入指定容器，回收氯仿，水层转入 100 mL 三颈瓶中。

将三颈瓶置于冰浴中冷却，慢慢加入 10 g 氢氧化钠溶于 20 mL 水的溶液，并摇振，然后进行水蒸气蒸馏。用 pH 试纸检验馏出液，开始为碱性，至馏出液 pH ＝ 7 为止。约收集馏出液 65～80 mL。

将含有游离胺的馏出液每次用 10 mL 甲苯萃取 3 次，合并甲苯萃取液，加入粒状氢氧化钠干燥并塞住瓶口。将干燥后的甲苯溶液用滴液漏斗分批加入 25 mL 蒸馏瓶中，先蒸去甲苯，然后改用空气冷凝管蒸馏，收集 180～190 °C 馏分，产量 5～6 g。塞好瓶口准备进行拆分实验。

纯的 α-苯乙胺沸点 187.4 ℃。

此阶段实验约需 10 学时。

2. S-(−)-α-苯乙胺的分离

在 250 mL 锥形瓶中加入 6.3 g (+)-酒石酸和 90 mL 甲醇，在水浴上加热至接近沸腾（60 ℃），搅拌使酒石酸溶解。然后在搅拌下慢慢加入 5 g α-苯乙胺（须小心操作，以免混合物沸腾或起泡溢出）。冷至室温后，将烧瓶塞住，放置 24 h 以上，应析出白色棱状晶体。假如析出针状晶体，应重新加热溶解并冷却至完全析出棱状晶体。抽气过滤，并用少许冷甲醇洗涤，干燥后得 (−)-胺·(+)-酒石酸盐约 4 g。

为减少操作困难，以下步骤可由两个学生将各自的产品合并起来，约为 8 g 盐的晶体。将 8 g (−)-胺·(+)-酒石酸盐置于 250 mL 锥形瓶中，加入 30 mL 水，搅拌使部分结晶溶解，接着加入 5 mL 50%氢氧化钠，搅拌混合物至固体完全溶解。将溶液转入分液漏斗，每次用 15 mL 乙醚萃取 2 次。合并醚萃取液，用无水硫酸钠干燥。水层倒入指定容器中，回收(+)-酒石酸。

将干燥后的乙醚溶液用滴液漏斗分批转入 25 mL 圆底烧瓶，在水浴上蒸去乙醚，然后蒸馏，收集 180~190 ℃ 馏分于一已称量的锥形瓶中，产量 2~2.5 g。用塞子塞住锥形瓶，准备测定比旋光度。

3. 比旋光度的测定

因制备规模限制，产生的纯胺数量不足以充满旋光管，故必须用甲醇加以稀释。用移液管量取 10 mL 甲醇，置于盛胺的锥形瓶中，摇振使胺溶解。溶液的总体积非常接近 10 mL［加上胺的体积，或者是后者的质量除以其密度（$d = 0.939\ 5\ \text{g} \cdot \text{cm}^{-3}$），两个体积的加和值在本步骤中引起的误差可以忽略不计］。根据胺的质量和总体积，计算出胺的浓度（g/mL）。将溶液置于 2 cm 的样品管中，测定旋光度及比旋光度，并计算拆分后胺的光学纯度。纯 S-(−)-α-苯乙胺的 $[\alpha]_D^{25} = -39.5°$。

此阶段实验需要 9 学时。

【注释】

（1）水蒸气蒸馏水时，玻璃磨口处应涂抹润滑脂，以防止接口在碱性溶液作用下被黏住。

（2）游离胺易吸收空气中的二氧化碳而形成碳酸盐，故应塞好瓶口隔绝空气。

（3）必须得到棱状晶体，这是实验成功的关键。如溶液中析出针状晶体，可采取如下步骤。

① 由于针状晶体易溶解，可加热反应混合物至针状晶体恰好已完全溶解而棱状晶体未开始溶解为止，重新放置过夜。

② 分出少量棱状晶体，加热反应混合物至其余晶体全部溶解，稍冷却后用取出的棱状晶体作为种晶。如析出的针状晶体较多，此方法更为适宜。如有现成的棱状晶，在放置过夜前接种更好。

（4）蒸馏 α-苯乙胺时，容易起泡，可加入 1~2 滴消泡剂（聚二甲基硅烷 0.001%的己烷溶液）。

作为一种简化处理，可将干燥后的醚溶液直接过滤到一已事先称量的圆底烧瓶中，先在水浴上尽可能蒸去乙醚，再用水泵抽去残余的乙醚。称量烧瓶即可计算出 ($-$)-α-苯乙胺的质量。省去了进一步的蒸馏操作。

【思考题】

（1）本实验中，还原胺化反应结束后，用水萃取的目的是什么？在随后的纯化中，先后两次用氯仿萃取的目的是什么？

（2）对映异构体的拆分中关键步骤是什么？如何控制反应条件才能分离出纯的旋光异构体？

附：S-α-苯乙胺的红外和 ^{1}H NMR 谱图。

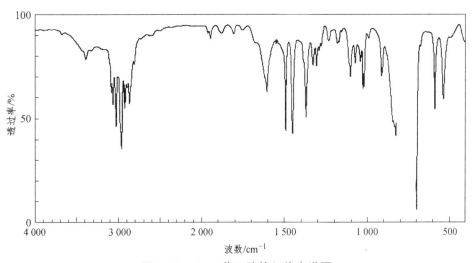

图 3.13　S-α-苯乙胺的红外光谱图

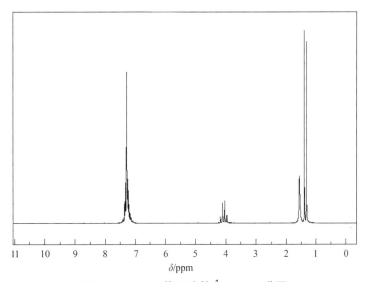

图 3.14　S-α-苯乙胺的 ^{1}H NMR 谱图

实验 3.8　（*E*）-1, 2-二苯乙烯
（*Trans*-Stilbene）

制备烯烃的方法较多，利用 Wittig 反应制备烯烃是其中非常重要的一种方法。Wittig 反应是醛或酮与三苯基磷叶立德（即 Wittig 试剂）作用，直接生成烯烃和三苯基氧化膦的一类有机化学反应（如下所示），由德国化学家 Georg Wittig 发现，他因此获得 1979 年诺贝尔化学奖。

$$Ph_3-P=C\begin{smallmatrix}R^1\\R^2\end{smallmatrix} + O=C\begin{smallmatrix}R^3\\R^4\end{smallmatrix} \longrightarrow \begin{smallmatrix}R^1\\R^2\end{smallmatrix}C=C\begin{smallmatrix}R^3\\R^4\end{smallmatrix} + Ph_3-P=O$$

Wittig 试剂中的取代基 R^1 和 R^2，以及醛或酮上的取代基 R^3 和 R^4 的电荷效应和空间效应都会影响反应的活性和立体选择性。比如，R^1 和 R^2 是氢原子或简单烷基，则烃基三苯基磷盐的 α-H 酸性较弱，需较强的碱（常用丁基锂或苯基锂）才能生成叶立德，刚生成的叶立德活性很高，是类似格氏试剂的强亲核试剂，能迅速地在温和条件下与醛或酮发生反应，生成加成物，反应不可逆。加成物可自发分解生成烯烃。产物如有立体异构，则一般得到 E 型和 Z 型的混合物。当 R^1 和 R^2 为电子基团（如酯基等），则烃基三苯基磷盐的去质子化可以在较弱的碱性条件下实现，并且产生的叶立德较稳定，可以分离，其活性相对较弱，一般需与亲电性较强的羰基反应。当产物有主体异构存在时，E 异构体通常占优。

Wittig 反应生成的烯键处于原来的羰基位置，一般不会发生异构化，与 α, β-不饱和醛反应时，也不发生 1,4-加成，双键位置固定。利用此特性可合成许多共轭多烯化合物。Wittig 反应具有很强的应用性和较高的选择性，因此它已经成为高选择性有机合成中重要的工具。

【实验原理】

本实验以苄氯和三苯基膦反应制得氯化苄基三苯基鳞，再与苯甲醛反应制备(*E*)-1, 2-二苯乙烯。反应方程式如下：

一般认为该反应形成了四元环内鎓盐中间体，然后进一步转换为产物：

$$Ph—CH=PPh_3 \quad \longrightarrow \quad Ph—CH—PPh_3 \quad \longrightarrow \quad Ph\!\!\!\diagdown\!\!\!\diagup^{Ph}$$

$$+ \qquad\qquad\qquad\qquad Ph—CH—O \qquad\qquad + $$

$$Ph—CH=O \qquad\qquad\qquad\qquad\qquad\qquad\qquad Ph_3P=O$$

【仪器与试剂】

1. 仪　器

50 mL 圆底烧瓶，球形冷凝管，直形冷凝管，干燥管，蒸馏头，尾接管，温度计，10 mL、100 mL 量筒，滴管，100 mL、250 mL 烧杯，分液漏斗，玻璃棒，布氏漏斗，抽滤瓶，表面皿，酒精灯，恒温水浴锅，熔点仪。

2. 试　剂

苄氯 3 g（2.8 mL，0.024 mol），三苯基膦 6.2 g（0.024 mol），苯甲醛 1.6 g（1.5 mL，0.015 mol），三氯甲烷，二氯甲烷，二甲苯，乙醚，50%氢氧化钠溶液，饱和食盐水，95%乙醇，无水硫酸镁。

主要试剂的物理常数如表3.8所示：

表 3.8　主要试剂的物理常数

名称	分子量 （mol wt）	熔点 /℃	沸点 /℃	比重 （d_4^{20}）	水溶解度（20 ℃） /(g/100 mL)
苄氯	126.58	−43	179.4	1.100	不溶于水
三苯基膦	262.30	80.5	377	1.194	不溶于水
(E)-1,2-二苯乙烯	180.25	124～126	306.5	0.970 7	不溶于水

【实验步骤】

1. 氯化苄基三苯基鏻（季鏻盐）的制备

在 50 mL 圆底烧瓶中加入苄氯 13 g（2.8 mL，0.024 mol）、三苯基膦 6.2 g（0.024 mol）和 20 mL 三氯甲烷，装上回流冷凝管，冷凝管上口连接氯化钙干燥管，在水浴上回流 2.5 h。稍冷，把原装置改为蒸馏装置，蒸馏出三氯甲烷，加入 5 mL 甲苯，充分振摇，待晶体析出完全后，抽滤。固体用少量二甲苯洗涤，在 110 ℃ 干燥 1 h。季鏻盐的无色晶体熔点 310～312 ℃。

2. (E)-1, 2-二苯乙烯的制备

在 50 mL 圆底烧瓶中加入氯化苄基三苯基鏻 5.8 g、苯甲醛 1.6 g、二氯甲烷 10 mL，装上回流冷凝管，在搅拌下从冷凝管上口滴入 50%氢氧化钠溶液 7.5 mL，10～15 min 加完，继续搅拌 30 min。

将反应混合物转移至分液漏斗，加入 10 mL 乙醚和 10 mL 水，充分振摇后分出有机层，水层用 20 mL 乙醚分 2 次萃取，合并有机层和萃取液，每次用 10 mL 饱和食盐水洗涤 3 次，用硫酸镁干燥。滤去硫酸镁后，减压蒸去溶剂，残余物用 95%乙醇重结晶，干燥后得无色针状晶体，熔点 124～126 ℃。

本实验约需 8 学时。

【注释】

（1）苄氯具有很强的刺激性，应带好橡胶手套，并在通风橱中操作。

（2）有机磷化合物通常是有毒的，转移时切勿洒落在瓶外，如与皮肤接触，应立即用肥皂擦洗。

（3）约用 10 mL 乙醇，冷却时宜任其自然冷却，以析出较好的晶体。

【思考题】

（1）试分析本反应的机理，为何本反应产物以(E)-1, 2-二苯乙烯为主？

（2）三苯亚甲基膦能与水反应，但三苯亚苄基膦则可在水存在下与苯甲醛反应生成主要产物烯烃，比较二者的亲核活性，并从结构上加以说明。

（3）若以肉桂酸替代苯甲醛与三苯亚苄基膦进行 Wittig 反应，则得到什么产物？

附：(E)-1, 2-二苯乙烯的红外和 ^{1}H NMR 谱图。

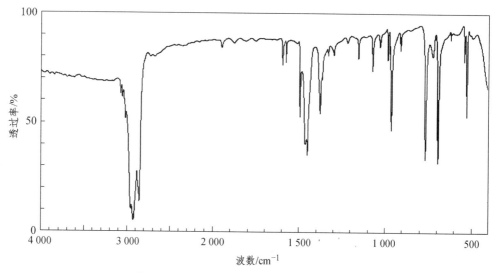

图 3.15　(E)-1, 2-二苯乙烯的红外光谱图

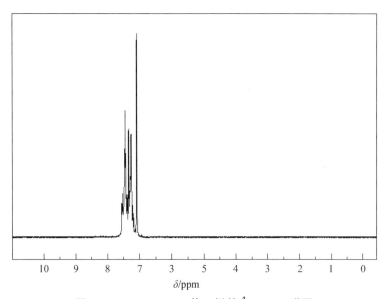

图 3.16　(*E*)-1,2-二苯乙烯的 ^{1}H NMR 谱图

实验 3.9 苯妥英钠（Phenytoin sodium）

苯妥英钠别名大仑丁，化学名为 5,5-二苯基乙内酰脲钠，为治疗癫痫发作的首选药物，也有抗神经痛及骨骼肌松弛作用，可用于某些类型的心律不齐和抗轻度高血压。苯妥英钠具有环状酰脲结构，其结构式为

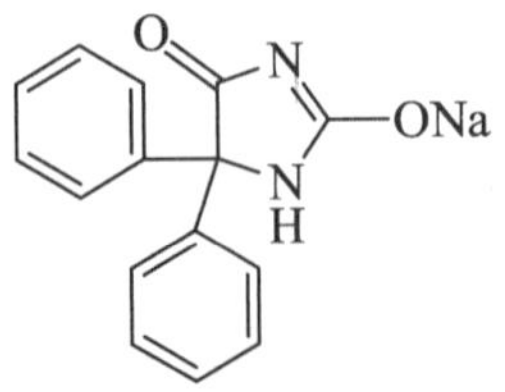

苯妥英钠为白色粉末，无嗅，味苦，微有吸湿性，在空气中渐渐吸收二氧化碳析出苯妥英。苯妥英钠在水中易溶，水溶液呈碱性，溶液常因一部分被水解而变浑浊。能溶于乙醇，几乎不溶于乙醚和氯仿。

【实验原理】

苯妥英钠的合成一般以苯甲醛为原料，经安息香缩合、氧化和环化三步反应制得。反应式如下：

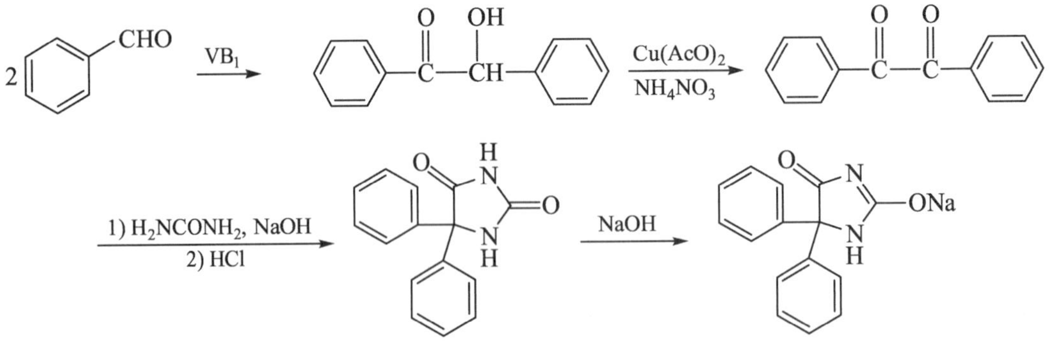

产物苯妥英钠中的五元环酰脲结构的形成是经二苯乙二酮在碱性条件下先重排生成二苯基乙醇酸，再与尿素发生亲核取代，生成苯妥英钠。反应的历程如下：

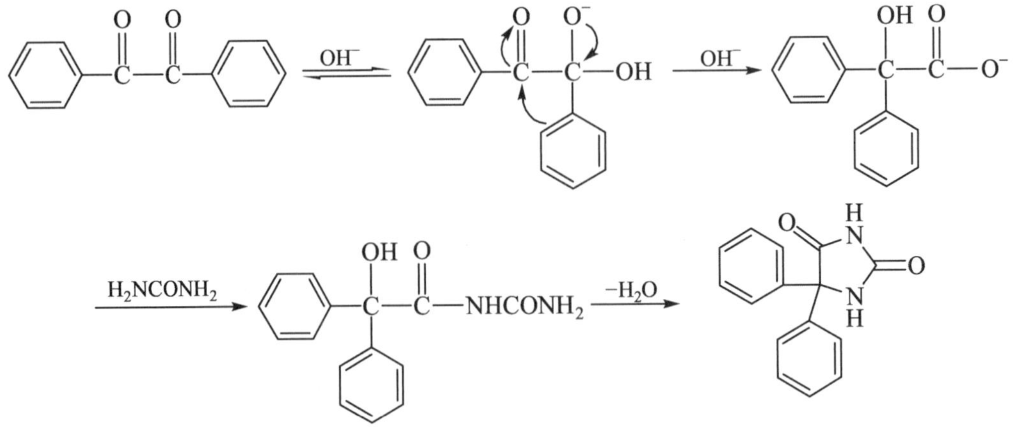

84

【仪器与试剂】

1. 仪 器

50、100 mL 圆底烧瓶，试管，球形冷凝管，10 mL、100 mL 量筒，滴管，100 mL、250 mL 烧杯，玻璃棒，布氏漏斗，抽滤瓶，表面皿，酒精灯，恒温水浴锅，熔点仪。

2. 试 剂

苯甲醛 10.4 g（10 mL，0.1 mol），维生素 B_1（盐酸硫胺素）1.8 g，95%乙醇，15% NaOH 溶液，硝酸铵 2 g（0.025 mol），2%乙酸铜，尿素，冰醋酸，95%乙醇。

主要试剂的物理常数如表 3.9 所示：

表 3.9　主要试剂的物理常数

名称	分子量（mol wt）	熔点/°C	沸点/°C	比重（d_4^{20}）	水溶解度（20 °C）/(g/100 mL)
苯甲醛	122.12	1～2	197	1.146	略溶于水
尿素	60.06	131～135	—	1.335	易溶于水
安息香	212.24	136～137	344	1.310	微溶于水
二苯乙二酮	210.23	95～96	346～348	1.084	不溶于水
苯妥英钠	274.25	290～299	—	—	易溶于水

【实验步骤】

1. 安息香的制备

在 100 mL 圆底瓶中加入 1.8 g 维生素 B_1（盐酸硫胺素）、5 mL 蒸馏水和 15 mL 95%乙醇。将烧瓶置于冰水浴中冷却。同时取 5 mL 15% NaOH 溶液于一支试管中，并置于冰水浴中冷却。在冰水浴冷却下，在 10 min 内向维生素 B_1 的溶液中滴加 NaOH 溶液，并不断摇荡圆底烧瓶，直至维生素 B_1 溶液 pH 为 9～10，此时溶液为黄色。去掉冰水浴，加入 10 mL 新蒸苯甲醛，安装回流冷凝管，加入几粒沸石，置于 70～75 °C 水浴上反应 1.5 h（切勿将反应混合物加热至剧烈沸腾，此时反应混合物呈橘黄或橘红色均相溶液），将反应混合物冷却至室温，析出浅黄色结晶，再置于冰水浴中使结晶完全（若产物呈油状物没有结晶，应重新加热成均相，再慢慢冷却重新结晶，必要时可用玻璃棒摩擦瓶壁，或投入晶种）。抽滤，用 50 mL 冰水分两次洗涤结晶，然后用 10 mL 冰乙醇洗涤结晶，干燥后得白色固体。粗品可用 95 %乙醇重结晶，得白色针状结晶，产量约为 5 g，熔点 136～136 °C

2. 二苯乙二酮的制备

在 50 mL 圆底烧瓶中加入 4.3 g 安息香、12.5 mL 冰乙酸、2 g 粉状硝酸铵和 2.5 mL 2%

硫酸铜溶液，加入几颗沸石，装上回流冷凝管，在石棉网上缓缓加热并摇荡。反应物溶解后，开始放出氮气，继续回流 1.5 h 使反应完全。稍冷后，在搅拌下将反应混合物倾入 20 mL 冰水中，析出结晶。抽滤，用冷水充分洗涤固体，粗产物干燥后为 3~3.5 g，可直接用于下一步的合成。如要制备纯品，可用 75%乙醇重结晶，熔点 95~96 ℃。

3. 苯妥英钠的制备

在装有搅拌及回流冷凝管的 100 mL 圆底瓶中，加入二苯乙二酮 4 g、尿素 1.5 g、15% NaOH 13 mL、95%乙醇 20 mL，在石棉网上加热回流 1 h。反应完毕，反应液倾入 250 mL 水中，加入 1 g 醋酸钠，搅拌后放置 1.5 h，抽滤。滤除黄色二苯乙炔二脲沉淀。滤液用 15%盐酸调至 pH 6，放置析出结晶，抽滤，结晶用少量水洗，干燥后得白色苯妥英，熔点 295~299 ℃。

将苯妥英与含有等物质的量的氢氧化钠水溶液[7]（先用少量蒸馏水将固体氢氧化钠溶解）加入 100 mL 烧杯中，水浴加热至 40 ℃，使其溶解，加活性炭少许，在 60 ℃ 下搅拌加热 5 min，趁热抽滤，在蒸发皿中将滤液浓缩至原体积的 1/3。冷却后析出结晶，抽滤。沉淀用少量冷的 95% 乙醇-乙醚（1:1）混合液洗涤，抽干，得苯妥英钠，真空干燥，称量，计算产率。

本实验约需 10 学时。

【注释】

（1）加入的 NaOH 溶液的量以调节维生素 B_1 溶液的 pH 9~10 为标准。

（2）维生素 B_1 在酸性条件下是稳定的，但易吸水，在水溶液中易氧化失效；在碱性条件下维生素 B_1 的噻唑环易开环而失去催化活性，故反应前维生素 B_1 溶液和 NaOH 溶液都必须用冰水浴充分冷却后才能混合。

（3）苯甲醛中含有少量的苯甲酸，使用前须经 5%碳酸氢钠溶液洗涤后减压蒸馏，并避光保存。

（4）在反应过程中若 pH 低于 9，须滴加少量 NaOH 水溶液，使反应液 pH 维持在 9~10。

（5）安息香在沸腾的 95%乙醇中的溶解度为 12~14 g/100 mL。

（6）2%乙酸铜溶液的配置方法为：2.5 g 一水合硫酸铜溶解于 100 mL 10%乙酸水溶液中，充分搅拌后滤去碱性铜盐沉淀。

（7）制备钠盐时，水量稍多，可使产率受到明显影响，要严格按比例加水。

【思考题】

（1）在制备安息香的反应中，反应混合物的 pH 过高有什么不好？

（2）用反应式表示硫酸铜和硝酸铵在与安息香反应过程中的变化？

（3）制备二苯乙二酮时，为什么要控制反应温度使其逐渐升高？

（4）制备苯妥英为什么在碱性条件下进行？

附：苯妥英的红外和 ^{1}H NMR 谱图。

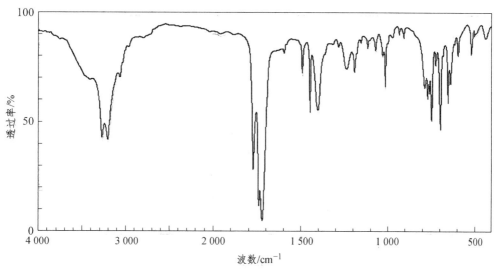

图 3.17　苯妥英的红外光谱图

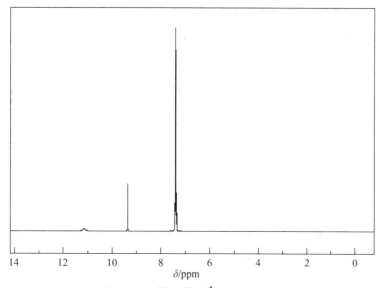

图 3.18　苯妥英的 ^{1}H NMR 谱图

实验 3.10 二茂铁（Ferrocene）

二茂铁，又称二环戊二烯合铁、环戊二烯基铁，是分子式为 $Fe(C_5H_5)_2$ 的有机金属化合物。它具有独特的夹心式结构，是目前已知的最稳定的金属有机化合物。

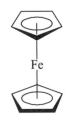

二茂铁为橙色晶型固体，有类似樟脑的气味，有抗磁性，偶极矩为零；不溶于水、10%氢氧化钠和热的浓盐酸，溶于稀硝酸、浓硫酸、苯、乙醚、石油醚和四氢呋喃。二茂铁在空气中稳定，具有强烈吸收紫外线的作用，对热相当稳定，可耐 470 ℃ 高温；在沸水、10%沸碱液和浓盐酸沸液中既不溶解也不分解。二茂铁的结构为一个铁原子处在两个平行的环戊二烯的环之间。在固体状态下，两个茂环相互错开成全错构型，温度升高时则绕垂直轴相对转动。二茂铁的化学性质稳定，类似芳香族化合物。

二茂铁及其衍生物已广泛应用于火箭燃料添加剂、汽油抗震剂、紫外线吸收剂、硅树脂和橡胶的热化剂、过渡金属催化剂和抗肿瘤药物等领域。

【实验原理】

二茂铁的化学合成方法主要包括：环戊二烯钠法、二乙胺法、相转移催化法和二甲基亚砜法等。本实验采用二甲基亚砜法，是实验室合成二茂铁的常用方法，反应式如下：

$$2 \text{环戊二烯} + FeCl_2 + 2KOH \longrightarrow \text{二茂铁} + 2KCl + 2H_2O$$

环戊二烯在碱性条件下失去质子，生成环戊二烯负离子，在与亚铁离子反应生成二茂铁。二茂铁中的环戊二烯负离子有 6 个共轭π电子，因而具有芳香性，故在化学性质上二茂铁与芳香族化合物相似，不容易发生加成反应，容易发生亲电取代反应。

【仪器与试剂】

1. 仪 器

100 mL 圆底烧瓶，250 mL 三口瓶，直形冷凝管，蒸馏头，温度计，尾接管，恒压滴液漏斗，10 mL、100 mL 量筒，滴管，100 mL、250 mL 烧杯，玻璃棒，分液漏斗，表面皿，酒精灯，恒温水浴锅，熔点仪。

2．试　剂

环戊二烯，无水二氯化铁，氢氧化钾，二甲亚砜，无水乙醚，无水氯化钙。

主要试剂的物理常数如表 3.10 所示：

表 3.10　主要试剂的物理常数

名称	分子量 （mol wt）	熔点 /°C	沸点 /°C	比重 （d_4^{20}）	水溶解度（20 °C） /(g/100 mL)
环戊二烯	66.10	−85	42.6	0.80	不溶于水
二甲亚砜	78.13	18.4	189	1.100	易溶于水
无水乙醚	74.12	−116.3	34.6	0.714	微溶于水
二茂铁	186.03	172~174	249	2.69	不溶于水

【实验步骤】

1．环戊二烯单体的制备

环戊二烯在室温下容易发生 Diels-Alder 反应，生成二聚环戊二烯，在较高的温度下可进一步发生聚合。因此市售的环戊二烯不能直接使用，必须经过"解聚"才能得到环戊二烯。

取 40 mL 市售环戊二烯，置于 100 mL 圆底烧瓶中，安装分流装置，加热至 180 °C，收集 42~44 °C 馏分（用于接收馏分的烧瓶内加入适量无水氯化钙，并置于冰水浴中冷却），收集 20~25 mL 备用。

2．二茂铁的制备

在干燥的 250 mL 三口瓶中加入 60 mL 无水乙醚、25 g（0.446 mol）细粉末状 KOH，安装好冷凝装置和恒压滴液漏斗，漏斗中加入 5.5 mL（0.067 mol）环戊二烯单体，在搅拌和氮气保护下，待 KOH 尽量溶解后，从恒压滴液漏斗中滴入环戊二烯单体，继续搅拌 10 min。

将 6.5 g（0.052 mol）无水二氯化铁溶于 25 mL 二甲亚砜，倒入恒压滴液漏斗，停止氮气供给后，在 45 min 内加入反应瓶中，并不断搅拌，加毕后继续反应 30 min。然后向三口瓶中加入 25 mL 乙醚，充分搅拌后静置，上层清液倒入分液漏斗，弃去下层棕黑色沉淀物。用 2 mol·L^{-1} 盐酸洗涤 2 次（每次 25 mL），再用水洗涤 2 次（每次 25 mL），有机相转移到 100 mL 圆底瓶中，减压蒸去溶剂后得橙色二茂铁晶体，熔点 173~174 °C[3]。

本实验约需 6 学时。

【注释】

（1）通常"解聚"后的环己二烯应在当天使用，或密封后保存在液氮中，并尽快使用。

（2）蒸馏乙醚时应注意安全，避免明火。

（3）为了获得纯度更高的二茂铁，可用升华法进行纯化：将二茂铁粗品置于蒸发皿中，取一玻璃漏斗，用棉花球塞住小口，用带孔的滤纸覆盖漏斗的大口端并将其倒扣在蒸发皿上，用小火加热蒸发皿使其温度在 140～170 ℃，升华完毕后得金黄色针状晶体。

【思考题】

（1）为什么二茂铁的制备过程必须在严格无水条件下进行？

（2）分析影响二茂铁产率的因素，如何提高合成产率？

（3）二甲亚砜在反应中的作用是什么？

附：二茂铁的红外和 ^{1}H NMR 谱图。

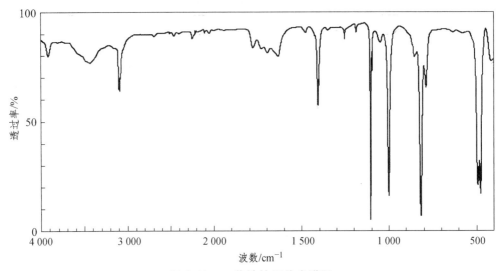

图 3.19　二茂铁的红外光谱图

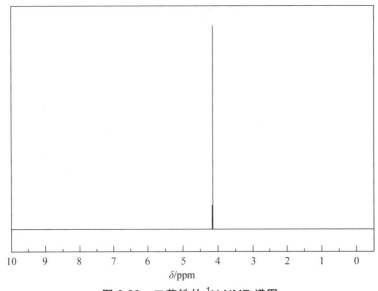

图 3.20　二茂铁的 ^{1}H NMR 谱图

实验 3.11　离子液体 bmimBF₄
（Butyl-3-methylimidazolium tetrafluoroborate）

　　离子液体（Ionic Liquid）是指全部由离子组成的液体，如高温下的 KCl，KOH 呈液体状态，此时它们就是离子液体。在室温或室温附近（一般低于 100 ℃）呈液态的，由离子构成的物质，称为室温离子液体、室温熔融盐（室温离子液体常伴有氢键的存在，定义为室温熔融盐有点勉强）、有机离子液体等，目前尚无统一的名称，但倾向于简称离子液体。在离子化合物中，阴阳离子之间的作用力为库仑力，其大小与阴阳离子的电荷数量及半径有关，离子半径越大，它们之间的作用力越小，这种离子化合物的熔点就越低。某些离子化合物的阴阳离子体积很大，结构松散，导致它们之间的作用力较低，熔点接近室温。

　　离子液体具有呈液态的温度区间大、溶解范围广、电化学窗口宽、热稳定性良好、蒸气压为零、使用方便等特点，兼有液体和固体材料功能的"固态"液体，是传统高挥发性、有毒、易燃、易爆的有机溶剂的理想替代品。它一般由有机阳离子和无机阴离子组成，常见的阳离子有季铵盐离子、季鏻盐离子、咪唑盐离子和吡咯盐离子等；阴离子有卤素离子、四氟硼酸根离子、六氟磷酸根离子等。经过近 20 年的迅猛发展，离子液体的应用领域从最初的电化学、催化化学、有机合成迅速发展到纳米材料、清洁能源、生物科学等新兴领域。

【实验原理】

　　正丁基-3-甲基咪唑四氟硼酸盐（bmimBF₄）分子量 226.02，密度 1.207 7 $g \cdot cm^{-3}$，熔点 -71 ℃，折射率 1.52。化学结构式为

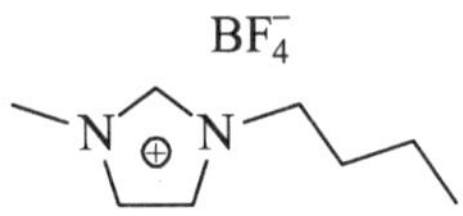

　　其合成路线如下：

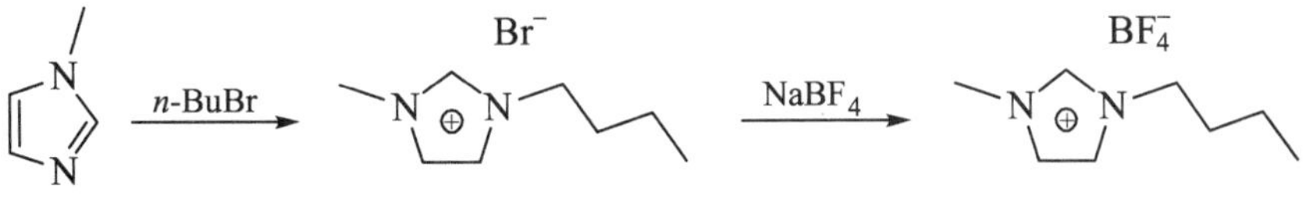

【仪器与试剂】

1. 仪　器

150 mL 三口瓶，100 mL、250 mL 圆底烧瓶，直形冷凝管，蒸馏头，温度计，尾接管，

恒压滴液漏斗，10 mL、100 mL 量筒，滴管，100 mL、250 mL 烧杯，玻璃棒，恒温水浴锅，磁力搅拌器。

2. 试　剂

N-甲基咪唑 4.1 g（0.05 mol），溴代正丁烷 6.85 g（5.37 mL，0.05 mol），丙酮，$NaBF_4$，甲醇。

主要试剂的物理常数如表 3.11 所示：

表 3.11　主要试剂的物理常数

名称	分子量 （mol wt）	熔点 /°C	沸点 /°C	比重 （d_4^{20}）	水溶解度（20 °C） /(g/100 mL)
N-甲基咪唑	82.11	−60	198	1.030	易溶于水
溴代正丁烷	137.03	−112.4	101.6	1.276	不溶于水
$NaBF_4$	109.81	384	—	2.470	95
bmimBr	219.12	65~75	—	1.028	易溶于水
bmimBF$_4$	226.02	−71	—	1.208	略溶于水

【实验步骤】

1. 溴化 1-正丁基-3-甲基咪唑（bmimBr）的制备

在 150 mL 三颈烧瓶中加入经蒸馏提纯后的 N-甲基咪唑 4.1 g（50 mmol），在 70 °C 水浴中，搅拌下通过恒压漏斗逐滴加入 6.85 g（50 mmol）溴代正丁烷，滴加结束后继续在 70 °C 下搅拌反应 3 h，得到浅黄色黏稠状液体，冷却至室温，分三次加入 10 mL 丙酮，搅拌后萃取未反应完的原料，然后减压蒸去溶剂，冷却，得到白色固体，即为溴化 1-正丁基-3-甲基咪唑（bmimBr）。

2. 正丁基-3-甲基咪唑四氟硼酸盐（bmimBF$_4$）的制备

在 100 mL 圆底烧瓶中加入干燥的溴化 1-正丁基-3-甲基咪唑（bmimBr）5.48 g（25 mmol）、$NaBF_4$ 2.62 g（25 mmol）和甲醇 20 mL，在 40 °C 水浴搅拌 3 h，抽滤，减压蒸去溶剂，得浅黄色液体。粗产物可加入 10 mL 蒸馏水和 150 mL 二氯甲烷，搅拌 10 min 后静置分液，收集下层液体于 250 mL 圆底烧瓶中，减压蒸去溶剂后得无色黏稠液体，即为 bmimBF$_4$。

本实验约需 10 学时。

【注释】

（1）也可在氮气保护下反应。

（2）加入水的目的是除去粗产物中的溴化钠和未反应的四氟硼酸钠，但是产物 bmimBF$_4$ 溶解于水，故须加入二氯甲烷萃取溶于水中的 bmimBF$_4$。

【思考题】

（1）合成离子液体的原理是什么？

（2）实验中合成 bmimBF$_4$ 时，为什么要求在干燥的反应器中进行，有水存在对反应结果有何影响？

（3）用何种方法检测 Br$^-$ 完全交换为 BF$_4^-$？

附：离子液体 bmimBF$_4$ 的红外和 ^{1}H NMR 谱图。

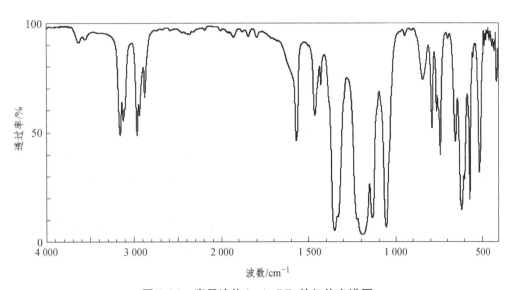

图 3.21　离子液体 bmimBF$_4$ 的红外光谱图

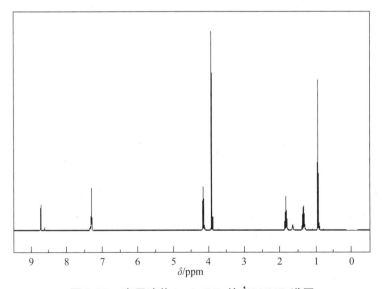

图 3.22　离子液体 bmimBF$_4$ 的 ^{1}H NMR 谱图

实验 3.12 微波辐射法合成肉桂酸
（Cinnamic acid）

мик波是波长为 0.1～100 cm 的电磁波，是分米波、厘米波、毫米波的统称。在微波辐射下，极性分子可高速旋转，吸收能量，温度迅速升高，而实现"内加热"。微波辐射是一种近年来新兴的实验技术，与常规加热方法相比，具有反应体系受热均匀、提高反应分子间的碰撞几率、缩短反应时间、提高反应选择性和产率等优点。微波辐射下的无溶剂催化合成也是节能环保，实现绿色化学的途径之一。

肉桂酸又名桂皮酸，是一种重要的有机合成中间体，广泛用于医药、香料、农药、塑料和感光树脂等精细化工生产。在医药行业，肉桂酸用作治疗冠心病的药心可安的中间体。肉桂酸还可用于制造局部麻醉剂，杀菌剂，抗癌、抗炎、抗传染药，血管扩张剂，止血药，止痛药和低血糖药等的制备。在香料行业，肉桂酸作为羧酸类香料，有良好的保香作用，主要用于配制樱桃、杏、蜂蜜等香料；在日化行业，肉桂酸用于配制香皂和日用化妆品用香精，由于其沸点比分子量相近的其他有机物高，因此常被用作香料中的定香剂；在农药行业，肉桂酸可用于植物生长促进剂、长效杀菌剂、果蔬保鲜防腐剂和除草剂的制备。

【实验原理】

本实验采用微波辐射下的 Knoevenagel 反应合成肉桂酸，即在无溶剂和碱催化下以苯甲醛和丙二酸反应，生成 α, β-不饱和芳香醛（肉桂酸），催化剂通常是吡啶、苯胺等有机碱，也可用醋酸铵。

制备肉桂酸的反应方程式如下：

$$\text{—CHO} + \text{CH}_2(\text{COOH})_2 \xrightarrow[\text{微波}]{\text{NH}_4\text{OAc}} \quad \text{C=C} \begin{smallmatrix} \text{H} \\ \text{COOH} \end{smallmatrix} + CO_2 + H_2O$$

影响该反应速率和选择性的因素有反应时间、反应温度（微波辐射功率）、反应物物质的量之比、催化剂用量等。确定最优反应条件的方法一般有正交试验法和单因素试验法等。正交试验是利用正交表科学地安排与分析多因素实验的方法，是最常用的实验分析方法之一，它根据正交性从全面试验中挑选出部分有代表性的点进行试验,这些有代表性的点具备了"均匀分散，齐整可比"的特点，正交试验设计是一种高效率、快速、经济的实验设计方法。单因素试验中，只有一个因素在变化，其余的因素保持不变。单因素试验可为正交试验做准备，为正交试验提供一个合理的数据范围。

94

【仪器与试剂】

1. 仪 器

100 mL 圆底烧瓶，球形冷凝管，10 mL 量筒，滴管，100 mL 烧杯，玻璃棒，布氏漏斗，抽滤瓶，表面皿，酒精灯，恒温水浴锅，微波合成仪，熔点仪。

2. 试 剂

苯甲醛，丙二酸，乙酸铵，无水乙醇。

主要试剂的物理常数如表 3.12 所示：

表 3.12　主要试剂的物理常数

名称	分子量（mol wt）	熔点/°C	沸点/°C	比重（d_4^{20}）	水溶解度（20 °C）/(g/100 mL)
苯甲醛	106.1	—	176	1.040	微溶于水
丙二酸	135.6	140	—	1.629	易溶于水
乙酸铵	77.1	112	—	1.170	易溶于水
肉桂酸	148.2	133	300	1.248	微溶于水

【实验步骤】

在 100 mL 圆底烧瓶中加入一定比例的苯甲醛、丙二酸和醋酸铵，摇匀后放入微波合成仪中，装上回流装置，调节微波功率，设定反应时间。反应结束后稍冷，取出圆底烧瓶，加入适量冷水，将固体物捣碎，抽滤。用少量水充分浸润粗产物，抽干后，于烘箱中干燥得粗产物。用无水乙醇-水（1∶3）重结晶，得纯品（m.p. 133 °C）。计算产率。

产物经干燥后测熔点，并进行红外吸收光谱和核磁共振氢谱分析，确认产物结构。

设计单因素试验和正交试验，研究反应时间、微波功率、丙二酸用量和醋酸铵用量对产率的影响，确定最优反应条件，并进行验证试验。

本实验约需 10 学时。

【注释】

（1）苯甲醛使用前需新蒸备用。

（2）由于产物肉桂酸微溶于水，水量过多会降低产率。

（3）产物红外光谱中 3 732 cm^{-1} 左右的吸收峰，可能是产品在重结晶时掺入乙醇的溶剂形成羟基峰，对肉桂酸的检测不产生影响。

【思考题】

（1）反应可能的副反应有哪些？

（2）如果反应粗产物颜色较深，原因是什么，如何避免？

（3）本实验正交因素的选择依据是什么？

附：肉桂酸的红外和 ^{1}H NMR 谱图。

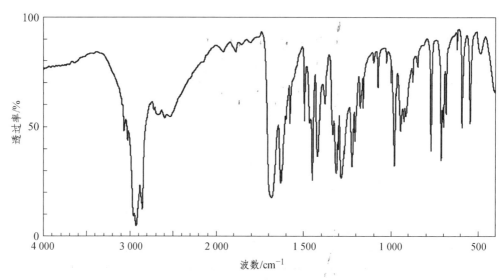

图 3.23　肉桂酸的红外光谱图

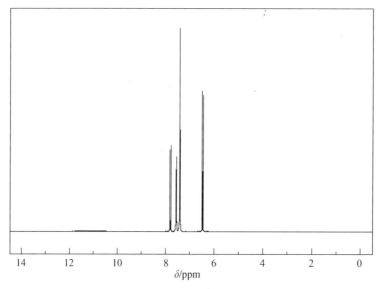

图 3.24　肉桂酸的 ^{1}H NMR 谱图

4 精细化学品实验

实验 4.1 肥皂的制备

【实验目的】

（1）了解皂化反应的原理和肥皂的制备方法。

（2）了解表面活性剂的洗涤机理。

【实验原理】

植物油和动物脂肪都是由脂肪酸及甘油形成的酯的混合物，能被强碱性的 NaOH 水解，生成脂肪酸和甘油，这一反应称为皂化反应，表示如下：

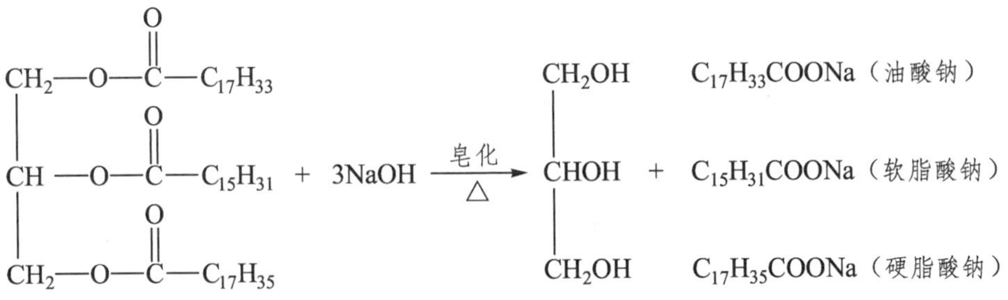

$$
\begin{array}{l}
\text{CH}_2\text{—O—C(=O)—C}_{17}\text{H}_{33} \\
\text{CH—O—C(=O)—C}_{15}\text{H}_{31} + 3\text{NaOH} \xrightarrow[\triangle]{\text{皂化}} \\
\text{CH}_2\text{—O—C(=O)—C}_{17}\text{H}_{35}
\end{array}
\qquad
\begin{array}{ll}
\text{CH}_2\text{OH} & \text{C}_{17}\text{H}_{33}\text{COONa（油酸钠）} \\
\text{CHOH} + & \text{C}_{15}\text{H}_{31}\text{COONa（软脂酸钠）} \\
\text{CH}_2\text{OH} & \text{C}_{17}\text{H}_{35}\text{COONa（硬脂酸钠）}
\end{array}
$$

　　　油脂（猪油）　　　　　　　　　　　　甘油　　　　　肥皂

脂肪酸的钠盐称为肥皂。肥皂属于阴离子表面活性剂，具有去污功效，是家用洗涤剂的主要品种。肥皂的羧酸钠端是亲水的，它被吸引到水分子周围；而烃基端是疏水的，趋向油污的环境。由于存在两亲结构，肥皂在水溶液中会形成不同程度的聚合体胶束，如图 4.1 所示。当油污被肥皂分子包围时，通过搅动，自动从衣服等织物上脱离下来，溶解到水中，达到去污的效果。

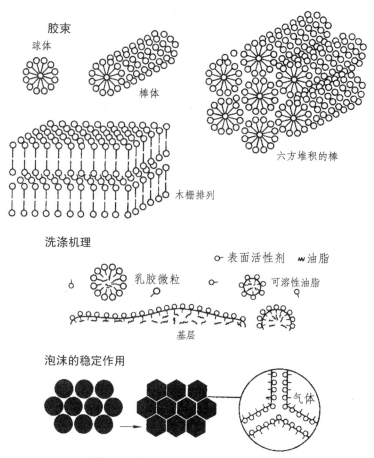

胶束

球体

棒体

六方堆积的棒

木栅排列

洗涤机理

○ 表面活性剂 ∿ 油脂

乳胶微粒 可溶性油脂

基层

泡沫的稳定作用

气体

图 4.1 肥皂在水溶液中形成胶束

【仪器与试剂】

1. 仪 器

电热恒温水浴锅，电磁搅拌或机械搅拌，回流冷凝管，100 mL 圆底烧瓶，玻璃棒 2 根，布氏漏斗，抽滤瓶，滤纸，100 mL 烧杯 2 个，天平，10 mL 量筒 2 个，不锈钢角匙，水泵，模具。

2. 试 剂

植物油，乙醇，氢氧化钠固体或水溶液，氯化钠，松香（或其他添加剂，如香料或色素）。

【实验步骤】

量取 10 mL 植物油、7 mL 乙醇、15 mL 20%氢氧化钠水溶液，依次加入带搅拌装置的 100 mL 圆底烧瓶中，水浴温度控制在 70 ℃，至反应混合物变为糊状，停止加热，向反应液中加入 15 mL 热的饱和氯化钠溶液并充分搅拌，盐析。静置，冷却，将混合物用滤纸和布氏漏斗过滤，固体用水洗净取出，放入烧杯，加入 0.1 g 松香（或其他添加剂，如香料或色素），搅拌，倒入模具（木质或硅胶）中冷却，固化成型。

【数据记录】

详细记录各种物料加入时的温度、时间以及反应过程中出现的现象，并记录成品的外观和质量。

【注意事项】

若过滤困难，也可采用纱布。

【思考题】

（1）加入松香的作用是什么？
（2）写出皂化反应的机理，除了肥皂，再举一个表面活性剂的例子。

实验 4.2　从植物中提取精油

【实验目的】

（1）学习精油的基本知识。

（2）学习提取植物精油的实验方法。

【实验原理】

1. 精油的基本知识

植物精油是从植物体的根、茎、叶、花、果实等部位提取的有机化合物的混合物，其组成复杂，主要成分为单萜、倍半萜和芳香烃衍生物等，通常具有挥发性，可随水蒸气蒸馏。精油有强烈的特殊香味，具有极强的渗透力，能够迅速进入人体皮肤，进而进入血液循环，达到某种治疗效果。最早记载精油在医学上的应用是 400 多年前中国的《本草纲目》，最早广泛使用精油的国家是古埃及。目前在国际市场上，有名录的天然香料约 50 种，实际作为天然香料应用且有商品出售的约 20 种。

2. 精油的提取方法

目前，植物精油提取和分离的技术主要有水蒸气蒸馏法、溶剂提取法、压榨法、吸收法、酶提取法、微波萃取法、超声提取法、超临界流体萃取法、分子蒸馏法、结晶法、色谱法等。

水蒸气蒸馏是提取精油使用最广泛的方法。组成精油的物质多数具有挥发性，可随水蒸气逸出，且冷凝后易与水分离。但由于提取温度较高，某些成分可能被破坏，因此该法所得香料的留香性和抗氧化性较差。

压榨法一般用于柑橘类植物精油的提取。利用压榨机械将果皮直接冷榨，就可获得粗精油，经分离即可获得精油。此法通常在常温下进行，精油成分很少被破坏，因此可保持天然香味。

超临界流体萃取是一种较新的的提取方法，是利用流体在临界点附近具有的特殊性能而进行萃取的分离方法。通常使用 CO_2 作为萃取剂，因而不会造成环境污染，且提取温度较低，不破坏精油成分，特别适用于名贵香料的提取。

【仪器与试剂】

1. 仪　器

恒压滴液漏斗，烧瓶，冷凝管，研钵，离心机，电炉。

2. 试　剂

柠檬草，柑橘皮等。

【实验步骤】

1. 水蒸气蒸馏法提取柠檬草精油

取柠檬草 50 g，洗净后切成 1 cm 左右的小段，放入 250 mL 烧瓶中，加水 100 mL 和少许沸石。在烧瓶上装上恒压滴液漏斗及回流冷凝管。关闭漏斗下方活塞，加热使瓶内的水保持沸腾。从冷凝管回流下来的液体被收集在恒压滴液漏斗中，并分成两相。适当时间将漏斗下端活塞拧开，把下层的水放回烧瓶中，反复多次，约 3 h。降温，将漏斗内下层的水尽量分出来，余下部分移入试管中，用高速离心机进行分离，得柠檬草精油，计算产率。

2. 冷榨法提取橙油

将新鲜的柑橘皮里层朝外，晒干或晾干 1~2 天，备用。

取柑橘皮 100 g，切成小颗粒，放入研钵中研烂（或采用小型压榨机）。将榨出物用布氏漏斗抽滤，水洗两次后合并滤液，把滤液移入试管，用高速离心机离心脱水 5 min。将油层用吸管吸出，向残液中加入少量水，再离心一次，合并油层，得到粗橙油。为把粗橙油中的蜡质分离除去，可把它放入冰箱静置冷藏一周，待杂质下沉后将上层清油吸出，得质量较好的冷榨橙油。

【数据记录】

记录提取精油的外观及质量，并计算产率。

【思考题】

（1）还有哪些提取精油的方法，做一个简要的介绍。
（2）查资料，拟出玫瑰精油的提取方法。

实验 4.3 食品赋形剂——果胶的制备

【实验目的】

（1）了解果胶的结构及用途。

（2）学习果胶的提取方法。

【实验原理】

1. 果胶的基本知识

果胶为白色或浅黄色粉末，是部分甲酯化的 D-半乳糖醛酸通过 α-1, 4-苷键形成的线性多聚糖，分子量 30 000~300 000，微酸性，溶于水而不溶于乙醇等有机溶剂。自然界中以柑橘皮、苹果皮等含量较高，柑橘皮中果胶含量达 10%。果胶具有胶凝性，在食品工业中可用作果冻、冰淇淋等的稳定剂和乳化剂；在医药行业可用来制造轻泻剂、止血剂、金属解毒剂等；还可用于化妆品的生产。

2. 果胶的提取

柑橘类果皮中的果胶质不溶于水，在稀酸作用下可水解为可溶性果胶，加入乙醇使果胶从溶液中析出，再进行分离干燥。

【仪器与试剂】

1. 仪 器

电加热套，电动搅拌器，减压蒸馏装置等。

2. 试 剂

橘皮 200 g，盐酸，95%乙醇。

【实验步骤】

取橘皮 200 g，洗净风干后榨出橘油，再用水洗两次，沥干后放入 2 L 烧杯中，加入 700 mL 水，加热煮沸 10 min，稍冷后用清水洗净沥干。

在橘皮中加入 800 mL 水，用盐酸调节 pH≈2，在 90 ℃ 以上水浴中加热 30 min，加入活性炭进行脱色，趁热过滤。将所得滤液进行浓缩，待浓缩液冷却后，以多股细流状流入等体积的 95%乙醇中，充分搅拌，使果胶完全沉淀。静置 2 h 后过滤，滤饼用 95%乙醇洗涤 2 次，洗涤后的湿果胶经 40~50 ℃ 真空干燥，然后粉碎过筛。

【数据记录】

记录果胶的外观及质量，并计算产率。

【注意事项】

若过滤困难，可用滤布或加入硅藻土。

【思考题】

（1）在果胶的制备中，加酸的作用是什么？

（2）果胶提取的产率与哪些因素有关？

实验 4.4　羧甲基淀粉胶黏剂的制备

【实验目的】

（1）了解改性淀粉胶黏剂的基本知识。

（2）学习羧甲基淀粉胶黏剂的制备方法。

【实验原理】

用淀粉配置胶黏剂已有悠久的历史。淀粉不溶于水，仅能在热水中糊化，糨糊就是它的糊化物。淀粉具有可再生性强、来源广泛、环境友好及价格低廉等优点，引起了人们的重视。然而传统的淀粉胶黏剂黏合力低，糊化温度高，稠度大，不利于在制备和使用时机械化操作。

用化学方法对淀粉进行改性，可改变淀粉的耐水性、黏合强度，以及相关性能，是制备淀粉基胶黏剂的有效方法。淀粉分子中含有糖苷键和大量羟基，能和许多物质发生化学反应，是对淀粉进行化学改性的基础，其中醚化、氧化交联、接枝等是常用的化学改性方法。

在本实验中，用氯乙酸处理淀粉，使淀粉分子中羟甲基上的氢被羧甲基取代（发生醚化），生成羧甲基淀粉（CMS），能达到提高水溶性的目的。在淀粉的葡萄糖残基中，只有 C_6 连接的羟基是伯醇羟基，因此在羧甲基化反应中此羟基优先被醚化。由于羧基有酸性，淀粉经羧甲基化和成盐以后，水溶性也大大增加了。羧甲基淀粉经碱处理，制成载体糊料；经硼砂处理，制成主体糊料。将两种糊料按比例混合，即成为产品——羧甲基淀粉胶黏剂。

羧甲基淀粉胶黏剂是一种重要的改性淀粉，它具有糊化温度低、胶合力强、稳定性较高、保水性和对纸张的渗透力好等优点；而且流动性好，便于涂覆，有利于机械化生产，特别适合于做瓦楞纸产品的胶黏剂。

【仪器与试剂】

1. 仪　器

烧杯，水浴锅，量筒，pH 试纸，电子天平，电热套等。

2. 试　剂

淀粉，10%氢氧化钠水溶液，氯乙酸，硼砂（$Na_2B_4O_7, 10H_2O$），蒸馏水。

【实验步骤】

1. 载体糊料和主体糊料的制备

在 200 mL 烧杯内，加入 20 mL 水和 10%氢氧化钠水溶液 10 mL，在搅拌下加入 20 g 淀粉和 2 g 氯乙酸。混合均匀后将烧杯置于水浴锅中加热至约 45 ℃，保温反应 10 h，在此期间时而搅拌。反应完毕后将反应混合物移出水浴，用稀盐酸调至 pH 为 6~7。抽滤，沉淀用水洗净，抽干即得羧甲基淀粉，备用。

取上述制得的羧甲基淀粉总量的 1/5 置于烧杯中，搅拌下加入 25 mL 水，再加入 1 mL10% 氢氧化钠水溶液，搅匀。加热至 50 ℃，搅拌 5~10 min，得到载体糊料，备用。

在 400 mL 烧杯中加入 36 mL 水和 0.4 g（0.001 mol）硼砂，搅拌溶解。然后加入剩余的羧甲基淀粉，搅拌均匀，即得到主体糊料。

2. 胶黏剂的配制

搅拌下将制得的载体糊料慢慢加入主体糊料中，继续搅拌 15 min，使其充分混匀，即得产品。

3. 胶合实验

用本品和普通糨糊分别对厚纸板进行胶结，在相同条件下（如受相同的压强和时间）进行固化，然后粗略比较胶结强度（如剥离实验）。

【数据记录】

记录胶黏剂的外观形状和产量。

【注意事项】

（1）CMS 的黏度受浓度影响较大，而受 pH 的影响小，但在强酸性条件下能转变成游离酸型，发生沉淀。通过添加交联剂能提高 CMS 的黏度。水溶液中，盐含量提高可使 CMS 的黏度大大降低。溶液中若含有重金属离子，易形成凝胶或沉淀。

（2）CMS 具有吸湿性，必须存储在密闭容器内。

【思考题】

（1）在胶黏剂的制备过程中，硼砂起何作用？
（2）淀粉胶黏剂还有哪些改性的方法？

实验 4.5　防晒霜的配制

【实验目的】

（1）了解防晒霜的配制原理和各组分的作用。

（2）掌握防晒霜的配制方法。

【实验原理】

防晒剂就是在相应的护肤品中加入紫外线吸收剂而制得的产品，可防止皮肤吸收 280～320 nm 波长的紫外线，避免产生日光皮炎。常用的紫外线吸收剂有以下几类：① 对氨基苯甲酸及其酯类（PABA）；② 邻氨基苯甲酸酯类；③ 水杨酸酯类；④ 对甲氧基肉桂酸酯类；⑤ 二苯酮及其衍生物；⑥ 天然紫外线吸收剂，即从中草药中提取出来的对 200～400 nm 波长的光具有较好吸收效果的物质。

防晒剂的防晒效果用防晒指数（SPF）来衡量，防晒指数越高，防晒效果越好。其测定方法为：用薄层涂布器将调配好的防晒剂试样涂布在石英玻璃上，厚度为 5 μm，用紫外分光光度计测定 308 nm 波长的吸光度，由此推算 SPF 值。

$$SPF = \frac{试样使皮肤出现最少红斑时必要的紫外线能量}{空白使皮肤出现最少红斑时必要的紫外线能量}$$

防晒剂按照紫外线通过的百分数分为三大类：① 全遮盖防晒剂，能允许 1%的紫外线通过，SPF > 15；② 防日光剂，能允许 2%～4%的紫外线通过，SPF 为 8～15；③ 晒黑剂，能允许 15%的紫外线通过，SPF 为 4～8。

防晒剂包括防晒霜、防晒液、防晒乳等，其组成主要为三部分：① 紫外线吸收剂，防晒剂的主剂；② 基本组分，如乳化剂、保湿剂、水等，是防晒剂的骨架成分；③ 辅助组分，如防腐剂、杀菌剂、香精、粉料等，是决定防晒剂质量的重要条件。

【仪器与试剂】

1. 仪　器

烧杯，电动搅拌器，温度计，电炉，水浴锅。

2. 试　剂

硬脂酸，单硬脂酸甘油酯，十六醇，水杨酸苯酯，甘油，氧化钛，氢氧化钠，防腐剂，香料。

【实验步骤】

1. 配方（见表 4.1）

表 4.1　防晒剂的配方

原　料	质量分数/%	原　料	质量分数/%
硬脂酸	10.0	氧化钛	2.0
单硬脂酸甘油酯	1.0	氢氧化钠（10%水溶液）	5.0
十六醇	2.0	防腐剂	适量
甘油	5.0	香料	适量
水杨酸苯酯	10.0	水	65.0

2. 操作步骤

在 200 mL 烧杯中将表 4.1 中所示配方量的水和氢氧化钠水溶液混合，加热至约 90 ℃，保温备用。在另一个烧杯内加入配方量的硬脂酸、单硬脂酸甘油酯、十六醇、水杨酸苯酯，混匀后加热至 80 ℃。把氧化钛加入甘油中，待搅拌均匀后加入上述 80 ℃ 的油相中，然后在搅拌下将配制好的碱液缓慢加入油相中，在此温度下继续搅拌。当反应体系的黏度不再增大时，撤走热源，搅拌下自然冷却。当温度降至 50 ℃ 时，加入防腐剂，降温至 40 ℃ 时，加入香精，搅拌均匀后，静置，冷却至室温，即得到成品。

【数据记录】

记录产品的外观。

【注意事项】

（1）产品的 pH 应接近中性，若有必要，需进行调节。

（2）降温过程中，黏度逐渐增大，搅拌带入的气泡将不易逸出，因此，黏度较大时，不宜过分搅拌。

【思考题】

配方中各组分的作用是什么？

实验 4.6　由纤维素类生物质制燃料乙醇

【实验目的】

（1）了解可再生能源现状和农业废弃物的综合利用现状。

（2）掌握木质纤维素非粮食作物制取燃料乙醇的方法和工艺。

【实验原理】

合理开发生物质能在能源安全战略、经济和生态环境保护方面都具有重要意义。用非粮食类生物质制造的燃料乙醇是一类绿色可再生能源，是对农业废弃物的高效利用。

木质纤维素生产燃料乙醇的工艺流程一般为：

生物质 ——→ 前处理 ——→ 水解 ——→ 发酵 ——→ 净化 ——→ 废弃物处理

前处理的目的是除去木质素，溶解半纤维素，或破坏纤维素的结晶结构。首先进行原料清洗，之后机械粉碎或化学法处理。

水解工艺主要有浓酸水解、稀酸水解和酶水解。酶水解是用纤维素酶将纤维素分解为葡萄糖，将半纤维素分解为木糖。

发酵是用微生物如酵母菌在无氧条件下通过发酵分解葡萄糖和木糖，生成乙醇和 CO_2，发酵一般在 28～30 ℃，pH 4.5～5，一定溶氧浓度下进行。理论上 100 g 葡萄糖发酵可得 51.1 g 酒精和 48.9 g CO_2。

净化工艺主要是废渣过滤，废液中未充分降解的纤维素、半纤维素，水解和发酵过程中产生的小分子的酸、醛、酮等的分离和乙醇的提纯，一般经过滤后精馏，制取 95% 乙醇或无水乙醇。

废液中溶解的半纤维素可以制成木糖醇、糠醛等，废渣中的木质素可制成活性炭缓释肥料等。

【仪器与试剂】

1. 仪　器

三口瓶，烧杯，量筒，恒温槽，磁力搅拌器，精馏塔，过滤器，pH 计，粉碎机，离心机等。

2. 试　剂

玉米秸秆粉末，邻苯二甲酸氢钾，纤维素酶，铁屑，盐酸，活性炭，酵母。

【实验步骤】

1. 水　解

在 250 mL 三口烧瓶中加入 15 g 经处理的玉米秸秆粉末，加入缓冲液邻苯二甲酸氢钾，调水解液 pH 为 4.5～4.8，加入少许微量元素（Fe 0.01 mg/mL），10 mL 酶液，设定恒温 45～48 ℃，开动磁力搅拌，连续反应 48 h 后取出。水解液抽滤后加入一定的活性炭进行脱毒脱酶处理，采用离心机进行分离，得到葡萄糖溶液，测定其葡萄糖含量。

2. 发　酵

将葡萄糖溶液加入 250 mL 三口烧瓶中，瓶口接冷凝管，使得发酵产生的 CO_2 可以逸出而挥发的乙醇能够冷凝下来。先通入氮气或 CO_2 气体置换溶解于其中的氧气，然后置于恒温槽中，根据葡萄糖含量按比例加入酵母，开启搅拌，控制溶液的 pH 在 4.4～4.8，温度 30 ℃下无氧发酵 48 h。

3. 精　馏

将发酵完的溶液加入精馏塔釜中，控制精馏塔温度，分温度段收集塔顶不同馏出物，塔釜废水回收再利用。

4. 废弃物回收

废液中回收半纤维素，进一步处理制备木糖醇等，废渣中回收木质素。

【数据记录】

记录水解后所得葡萄糖溶液的浓度以及精馏塔乙醇馏分的体积，计算乙醇产率。

【注意事项】

（1）水解过程应严格控制温度和 pH。此外，在水解过程中为防止酶活性降低，可以隔一段时间补充一些新鲜的酶液。

（2）水解后葡萄糖溶液的含量测定可采用液相色谱法或者其他测定方法。

（3）发酵过程控制 pH 和溶解氧，保证发酵过程在无氧条件下进行。

【思考题】

（1）查阅资料，还有哪些测定葡萄糖含量的方法？

（2）废弃物的综合利用途径有哪些？

（3）水解生成的木糖可否发酵制取乙醇？

实验 4.7　阴离子表面活性剂——十二烷基苯磺酸钠的制备

【实验目的】

（1）掌握十二烷基苯磺酸钠（LAS）的制备原理和方法。

（2）了解烷基芳基磺酸盐类阴离子表面活性剂的性质、用途和使用方法。

【实验原理】

十二烷基苯磺酸钠又称石油磺酸钠，简称 LAS，ABS-Na，为白色浆状物或粉末，易溶于水，在碱性、中性及弱酸性溶液中比较稳定，遇浓酸分解；在硬水中有良好的润湿、乳化、分散、发泡和去污能力；易生物降解，降解度大于 90%；易吸水；热稳定性较好，是重要的阴离子表面活性剂。

十二烷基苯磺酸钠可用于生产各种洗涤剂、乳化剂、香波、沐浴乳等日用品，也可用作纺织工业的清洗剂、染色助剂，电镀工业的脱脂剂，造纸工业的脱墨剂，国内多用于洗衣粉的制造。另外，由于直链烷基苯磺酸盐对氧化剂十分稳定，溶于水，因此其适用于制备添加氧化漂白剂的洗衣粉。

一般使用的磺化剂有浓硫酸、发烟硫酸和三氧化硫等。其中，采用三氧化硫气体磺化是较为先进的工艺。该法是先把三氧化硫气体用空气稀释到质量分数为 3%～5%，再通入装有烷基苯的磺化反应器中进行磺化，磺化物料进入中和系统，用氢氧化钠溶液中和，进入喷雾干燥系统干燥，产品为流动性很好的粉末。

在本实验中，由于条件限制，采用浓硫酸进行磺化。反应方程式如下：

$$C_{12}H_{25}-\!\!\!\!\bigcirc\!\!\!\!-H + H_2SO_4 \longrightarrow C_{12}H_{25}-\!\!\!\!\bigcirc\!\!\!\!-SO_3H + H_2O$$

$$C_{12}H_{25}-\!\!\!\!\bigcirc\!\!\!\!-SO_3H + NaOH \longrightarrow C_{12}H_{25}-\!\!\!\!\bigcirc\!\!\!\!-SO_3Na + H_2O$$

【仪器与试剂】

1. 仪　器

烧杯，四口烧瓶，滴液漏斗，分液漏斗，量筒，温度计，锥形瓶，回流冷凝管，天平，水浴锅，电动搅拌器。

2．试　剂

NaOH，NaCl，98%硫酸，十二烷基苯，pH 试纸。

【实验步骤】

1．磺　化

在装有搅拌器、温度计、滴液漏斗和回流冷凝管的 250 mL 四口烧瓶中加入 35 mL（34.6 g）十二烷基苯，搅拌下缓慢加入 35 mL 98%的硫酸，温度控制在 40 ℃ 以下，加完后升温至 65 ~ 70 ℃，反应 2 h。

2．分　酸

将上述磺化混合物降温至 40 ~ 50 ℃，缓慢滴加约 15 mL 水，倒入分液漏斗中，静置分层，放掉下层水和无机盐，保留有机相。

3．中　和

配制 80 mL 10% NaOH 溶液，取 60 ~ 70 mL 加入 250 mL 四口烧瓶中，搅拌下缓慢加入上述有机相，控制温度为 40 ~ 50 ℃，用 10% NaOH 溶液调节 pH 为 7 ~ 8，并记录下 10% NaOH 的总用量。

4．盐　析

向上述反应体系中加入少量 NaCl，渗圈实验清晰后过滤，得到白色膏状烷基苯磺酸钠，称量。

【数据记录】

记录产量，并计算产率。

【注意事项】

（1）磺化反应为剧烈放热反应，需严格控制加料速度及反应温度。

（2）如果分酸的温度过低，析出的无机盐会堵塞分液漏斗，使分酸困难。分酸时应控制加料速度和温度，搅拌要充分，避免结块。

（3）硫酸、磺酸、废酸、氢氧化钠均有腐蚀性，操作时切勿溅到手上和衣物上。

【思考题】

（1）影响磺化反应的因素有哪些？

（2）计算废酸量。

实验 4.8　超细轻质碳酸钙的制备

【实验目的】

（1）了解超细碳酸钙的生产原理、方法、工艺流程、参数控制、相关设备、原料和产品性能测定。

（2）掌握电导率仪、pH 计、白度仪等仪器的使用。

（3）掌握粉体材料密度、粒度、沉降体积等的测定。

（4）掌握石灰乳比重和浓度的测定方法。

（5）了解碳化过程特性及 pH 和电导率随时间的变化规律。

【实验原理】

纳米超细粉体材料是目前研究开发的热点，本实验选择超细碳酸钙粉体材料为对象，采用生石灰为原料，经消化、碳化、过滤、干燥、粉碎等过程制备超细碳酸钙，主要反应为

消化：$CaO + H_2O \xlongequal{\quad\quad} Ca(OH)_2$

碳化：$Ca(OH)_2 + CO_2 \xlongequal{\quad\quad} CaCO_3\downarrow + 2H_2O + Q$

反应为放热反应，为控制产品粒径，需控制温度低于 20 ℃。

【仪器与试剂】

1. 仪　器

精密 pH 计，电导率仪，WSD-Ⅲ固定探头式白度仪，WKB-1 空气泵，自吸式碳化搅拌器。碳化装置如图 4.2 所示。

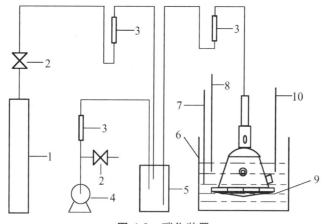

图 4.2　碳化装置

1—CO₂钢瓶；2—调节阀；3—流量计；4—空气泵；5—缓冲瓶；
6—反应槽；7—pH 玻璃电极；8—温度计；9—自吸式搅拌器；10—电导电极

2. 试 剂

CO_2 气体，生石灰，盐酸标准溶液（0.200 mol/L），酚酞指示剂，冰块。

【实验步骤】

1. 生石灰的消化与精制

称取一定量的生石灰放入大烧杯中，按照 $m(H_2O)$：$m(CO_2)$ 为 5：1 的比例用 65 ℃ 左右的热水进行消化，搅拌至消化基本完全，静置冷却，先用 280 目筛进行初筛，再用 360 目筛进行精筛，除去大颗粒和杂质，得到精制浆液，并进行陈化。

2. 石灰乳测定

（1）比重

将浆料搅匀后，移取 25 mL 石灰乳于 25 mL 容量瓶（质量已称）中，用天平称其质量 m（g），计算其密度 ρ（g/mL）：

$$\rho = m / 25$$

（2）浓度

取 5 mL 石灰乳于 250 mL 锥形瓶中，加入 2 滴酚酞，用 0.200 mol/L 盐酸标准溶液滴至红色消失：

$$Ca(OH)_2 + 2H^+ =\!=\!=\!= 2H_2O + Ca^{2+}$$

由消耗的盐酸量 V（mL）计算石灰乳中 $Ca(OH)_2$ 含量 C（g/mL）：

$$C = V \times 0.200 \times (74/2)/5.00$$

3. 碳 化

将配制的一定浓度（w_B 为 3% ~ 10%）的 $Ca(OH)_2$ 悬浮液先预冷至 20 ℃，加入碳化反应器中，加入冰袋控制温度为 20 ~ 25 ℃。然后通入 CO_2 和空气的混合气体（其中 CO_2 气体为 100 mL/h，空气为 250 mL/h 左右），开启反应器进行碳化反应。用 pH 计、电导率仪及温度计跟踪测定碳化反应过程中溶液的 pH、电导率及温度。碳化到浆液 pH 为 7 时停止。

4. 过滤及干燥

将碳化后的浆料过滤、干燥、打散。

5. 产品质量及性能参数测定

对产品的白度、密度、粒度、沉降体积进行测量。

【数据记录】

记录实验过程中的相关数据。

【注意事项】

（1）生石灰用水溶解生成石灰乳后应老化一段时间，让其充分反应，然后过筛去除杂质。

（2）$Ca(OH)_2$ 与 CO_2 反应生成 $CaCO_3$ 为放热反应，需严格控制温度低于 20 ℃。

（3）电导率仪、pH 计等仪器使用完后应及时清洗。

【思考题】

（1）查阅相关资料，拟定产品性能参数的测定方法。

（2）影响产品粒度和白度的因素有哪些？

实验 4.9　洗发香波的制备

【实验目的】

（1）掌握配制洗发香波的工艺。
（2）了解洗发香波中各组分的作用和配方原理。
（3）了解和熟悉反应釜的结构和各部件的作用。

【实验原理】

1. 洗发香波的主要性质和分类

洗发香波是洗发用的洗涤产品，其主要成分为表面活性剂。它兼具洗涤作用和化妆效果，不但可以去除油垢、头屑，而且洗后头发美观、柔软，易于梳理。

由于洗发香波种类较多，因此配方和工艺也多种多样，可按照洗发香波的形态、特殊成分、性质和用途来分类。

（1）按照表面活性剂的种类来分，洗发香波可分为阴离子型、阳离子型、非离子型和两性离子型。

（2）按照不同发质适用情况来分，洗发香波可分为通用型、干性发质用、油性发质用和中性发质用。

（3）按照洗发香波的形态来分，可分为透明洗发香波、乳状洗发香波、胶状洗发香波等。

在香波中添加特种原料，改变产品的性状和外观，可制成蛋白香波、菠萝香波、黄瓜香波、啤酒香波、珠光香波等。

2. 洗发香波的配制原理

现代洗发香波已经突破了单纯的洗发功能，成为洗发、护发、美发等化妆型的多功能产品。在对产品进行配方设计时要遵循以下原则：

（1）具有适当的洗净力和柔和的脱脂作用；
（2）能形成丰富而持久的泡沫；
（3）使洗后的头发具有良好的梳理性；
（4）使洗后的头发具有光泽、潮湿感和柔顺性；
（5）对头皮、头发和皮肤有高度的安全性；
（6）易洗涤，耐硬水，在常温下洗发效果最好；
（7）不会给烫发和染发操作带来不利影响。

在配方设计时，除应遵循以上原则外，还应注意选择表面活性剂，并考虑其配伍性良好。

主要原料要求：

（1）能提供泡沫和去污作用的主表面活性剂，其中以阴离子型表面活性剂为主。

（2）能增进去污力、促进泡沫稳定性、改善头发梳理性的辅助表面活性剂，其中包括阴离子型、非离子型、两性离子型表面活性剂。

赋予香波特殊效果的各种添加剂，如去头屑药物、固色剂、稀释剂、螯合剂、增溶剂、营养剂、防腐剂、染料和香精等。

3. 主要原料

洗发香波的主要原料由表面活性剂和一些添加剂组成。表面活性剂分为主表面活性剂和辅助表面活性剂两类。常用的主表面活性剂有：阴离子型的烷基醚硫酸盐和烷基苯磺酸盐，非离子型的烷基醇酰胺（如椰子油酸二乙醇酰胺等）。常用的辅助表面活性剂有：阴离子型的油酰氨基酸钠（雷米帮）、非离子型的聚氧乙烯山梨醇酐单酯（吐温）、两性离子型的十二烷基二甲基甜菜碱等。

洗发香波的添加剂主要有：增稠剂（聚乙二醇硬脂酸酯、羧甲基纤维素钠、氯化钠等），珠光剂（硬脂酸乙二醇酯、十八醇、十六醇等），螯合剂［常用乙二胺四乙酸钠（EDTA）］，去屑止痒剂（常用的有硫化硒、吡啶硫铜锌等），滋润剂和营养剂（液状石蜡、甘油、羊毛酯衍生物、硅酮等，还有胱氨酸、水解蛋白和维生素等）。

【仪器与试剂】

1. 仪 器

反应釜，NDJ 旋转黏度计，烧杯（100 mL，250 mL），量筒（10 mL，100 mL），天平，滴管，玻璃棒。

2. 试 剂

脂肪醇聚氧乙烯醚硫酸钠（AES），椰子油脂肪醇二乙醇酰胺（尼诺尔，简称 6501），十二烷基苯磺酸钠（ABS-Na），柠檬酸，氯化钠，香精，色素和去离子水。

实验配方如表 4.2 所示：

表 4.2　洗发香波的配方

原材料	配方 1	配方 2	配方 3
AES	60 g	24 g	84 g
6501	24 g	12 g	84 g
ABS-Na	0	0	105 g
柠檬酸（20%水溶液）	24 mL	30 mL	168 mL
去离子水	210 mL	240 mL	1 806 mL
香精	不加或适量	不加或适量	不加或适量

【实验步骤】

1. 洗发香波的制备

检查反应釜的加热、搅拌装置是否可控，并清洗。向反应釜中加入表 4.2 所示配方中的原料，对准定位卡，小心轻放反应釜的上盖，并对角拧紧螺栓（注意：切忌损伤密封面）。安装反应釜的温度及转速探头。

加热升温，开动搅拌，反应温度 60~65 ℃，搅拌速度 1 000~1 200 r/min，搅拌 1 h 后停止加热和搅拌，取出温度及搅拌感应器；对角松开螺栓，移走反应釜上盖，放好，清洗干净。

取出产品，洗净反应釜内胆，并擦干。待产品温度降到 40 ℃ 时检测其性能。

2. 检　验

（1）测 pH，产品的 pH 应为 5.5~7.0。

（2）黏度测定：

① 仪器法：用 NDJ 旋转黏度计测定产品黏度。

② 经验法：以产品倒在手上不流失，但易展开分散为宜。

【数据记录】

记录产品外观、pH、黏度。

【思考题】

（1）配制洗发香波的主要原料有哪些，为何必须控制其 pH？

（2）产品的黏度调节有哪些方法？

实验 4.10　绿色能源——生物柴油的制备

【实验目的】

（1）了解绿色能源的概念。

（2）掌握生物柴油的制备方法。

【实验原理】

生物柴油作为可再生生物质新能源，已经在世界范围内引起了广泛关注。生物柴油是一种石油替代品，可从动植物的脂肪中提取，用它作为汽车燃料对环保有着积极意义——排放的废气中二氧化碳含量远低于普通柴油。生物柴油是可再生清洁绿色能源，以大豆和油菜籽等油料作物、油棕和黄连木等油料林木果实、工程微藻等油料水生植物以及动物油脂、废餐饮油等为原料，通过酯交换工艺制成的可代替石化柴油的再生性柴油燃料，是优质的石化柴油代用品。大力发展生物柴油对促进经济可持续发展，推进能源替代，减轻环境压力，控制城市大气污染具有重要的战略意义。生物柴油的主要成分为通过动植物油脂转化而来的高级脂肪酸的低碳烷基酯混合物，因其物化性能与石化柴油相近，并可以直接代替石化柴油或与石化柴油以任意比例混溶使用而得名。

本实验采用化学方法制备生物柴油，与物理方法不改变油脂组成和性质不同，化学法生物柴油制备技术是将动植物油脂进行化学转化，改变其分子结构，使主要组成为脂肪酸甘油酯的油脂转化为分子量仅为其 1/3 的脂肪酸低碳烷基酯，从根本上改善其流动性和黏度，适合用作柴油内燃机的燃料。酯化和酯交换是生物柴油的主要生产方法，即用含或不含游离脂肪酸的动植物油脂和甲醇等低碳一元醇（通常为 $C_1 \sim C_4$ 醇）进行酯化或转酯化反应，生成相应的脂肪酸低碳烷基酯，再经分离甘油、水洗、干燥等适当后处理即得生物柴油。通过化学转化得到的脂肪酸低碳烷基酯具有与石化柴油几乎相同的流动性和黏度范围，同时具有与石化柴油的完全混溶性，使用方便，是一种良好的柴油内燃机动力燃料。

在制备生物柴油时，需先测定菜油中脂肪酸含量，并把产品中的甘油尽量分离开。因为脂肪酸会中和用来催化酯交换反应的碱，从而导致产率下降。同时生成的羧酸盐（即肥皂）在分离时会出现乳化现象而影响产物的分离。另一方面，过多的酸和甘油还会影响生物柴油最终的质量。如果酸的含量小于 0.5%，可以直接进行碱催化的酯交换反应；如果大于 0.5%，需要先进行酸的酯化反应（流程如图 4.3 所示）。

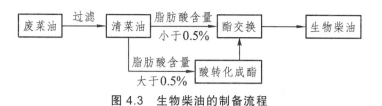

图 4.3　生物柴油的制备流程

【仪器与试剂】

1. 仪　器

磁力加热搅拌器，锥形瓶，量筒，烧杯，圆底烧瓶，回流冷凝管，分液漏斗，研钵，碱式滴定管。

2. 试　剂

废菜油，NaOH，甲醇，异丙醇，浓硫酸，高碘酸，二氯甲烷，淀粉溶液，$Na_2S_2O_3$，KOH（0.1 mol/L），酚酞指示剂，95%乙醇，冰醋酸等。

【实验步骤】

1. 生物柴油的制备

（1）先将收集来的废菜油用漏斗进行过滤，去除悬浮杂质。

（2）在 250 mL 锥形瓶中加入 15 g 菜油、75 mL 异丙醇和 2 滴酚酞指示剂，用 0.1 mol/L 的 KOH 标准溶液滴定。滴定两次，计算菜油中自由脂肪酸的含量。如果脂肪酸含量大于 0.5%，需先进行脂肪酸转化成酯的反应；如果脂肪酸含量小于 0.5%，就直接进行酯交换制备生物柴油。

（3）酸转化成酯：在 100 mL 圆底烧瓶中加入 35.0 g 菜油、25 mL 甲醇和少量浓硫酸，搅拌回流 1 h。回流过程中不断检查菜油是否和甲醇溶液充分混合。反应结束后，冷却，将反应液转入分液漏斗中，静置，分液。

（4）酯交换：在研钵中研碎 NaOH 固体，称取 0.4 g 研碎的 NaOH 粉末，加入装有 30 mL 甲醇的圆底烧瓶中，搅拌 5 ~ 10 min，直至 NaOH 完全溶解。将酯化后的菜油转移至上述甲醇溶液中，控制温度在 35 ~ 50 ℃，搅拌 30 min，在反应过程中不断检查菜油是否和甲醇溶液混合均匀。反应结束后，冷却，将反应液转入分液漏斗中，静置，分液。

2. 制备的生物柴油中自由甘油和总甘油含量的测定

（1）自由甘油含量的测定：称取 2.0 g 制备的生物柴油于 100 mL 烧杯中，加入 9 mL 二氯甲烷和 50 mL 水，转移入分液漏斗中，充分振荡，静置，分出水层，置于 250 mL 锥形瓶中，再加入 25 mL 高碘酸，充分摇匀，盖上瓶塞，静置 30 min。加入 10 mL KI 溶液，稀释样品至 125 mL，用标准 $Na_2S_2O_3$ 溶液滴定，当橘红色快要褪去时，加入 2 mL 淀粉指示剂，继续滴定，直至蓝色消失。

（2）总甘油含量的测定：在 50 mL 圆底烧瓶中，加入 5.0 g 制备的生物柴油和 15 mL 95% 乙醇配制的 0.7 mol/L KOH 溶液，回流 30 min。冷却，用 5 mL 蒸馏水洗涤冷凝管内壁，收集洗涤液，与反应液合并。向其中加入 9 mL 二氯甲烷和 2.5 mL 冰醋酸，将全部溶液转移入分液漏斗中，加入 50 mL 蒸馏水，充分振荡，静置，分离出水层。加入 25 mL 高碘酸，充分摇匀，盖上瓶塞，静置 30 min。加入 10 mL KI 溶液，稀释样品至 125 mL，用 $Na_2S_2O_3$ 标准溶液滴定，当橘红色快要褪去时，加入 2 mL 淀粉指示剂，继续滴定，直至蓝色消失。

【数据记录】

（1）计算菜油中脂肪酸的含量。

（2）计算生物柴油的产率。

（3）计算制备所得的生物柴油中所含自由甘油、总甘油的质量分数。

【思考题】

列举制备生物柴油的其他方法。

5 高分子化学实验

实验 5.1 苯乙烯自由基悬浮聚合

悬浮聚合是自由基聚合反应常用的实施方法之一。苯乙烯自由基悬浮聚合所得聚苯乙烯是一大类树脂，广泛用作各种泡沫塑料制品。

【实验原理】

悬浮聚合实质上是借助较强烈的搅拌和悬浮剂的作用，通常是将不溶于水的单体分散在介质水中，利用机械搅拌，将单体打散成直径为 0.01～5 mm 的小液滴的形式，进行本体聚合，在每个小液滴内，单体的聚合过程和机理与本体聚合相似。悬浮聚合解决了本体聚合不易散热的问题，产物容易分离，清洗可以得到纯度较高的颗粒状聚合物。

组分主要有四种：单体、分散介质（水）、悬浮剂、引发剂。

1. 单 体

单体不溶于水，如苯乙烯、醋酸乙烯酯、甲基丙烯酸酯等。

2. 分散介质

分散介质大多为水，作为热传导介质。

3. 悬浮剂

调节聚合体系的表面张力、黏度，避免单体液滴在水相中黏结。

（1）水溶性高分子，如天然物：明胶、淀粉；合成物：聚乙烯醇等。

（2）难溶性无机物，如 $BaSO_4$、$BaSO_3$、$CaCO_3$、滑石粉、黏土等。

（3）可溶性电介质：NaCl、KCl、Na_2SO_4 等。

4. 引发剂

主要为油溶性引发剂，如过氧化二苯甲酰（BPO），偶氮二异丁腈（AIBN）等。

【仪器与试剂】

1. 仪 器

三口瓶（250 mL），球形冷凝管，电热锅，搅拌马达与搅拌棒，温度计（100 ℃），量筒（100 mL），布氏漏斗，抽滤瓶。

实验装置如图 5.1 所示。

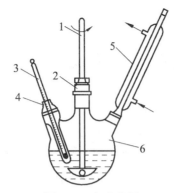

图 5.1　实验装置

1—搅拌器；2—聚四氟乙烯密封塞；3—温度计
4—温度计套管；5—冷凝管；6—三口烧瓶

2．试　剂

苯乙烯（新蒸），过氧化二苯甲酰（分析纯），聚乙烯醇（PVA），去离子水。

【实验步骤】

（1）按照图 5.1 安装实验装置。

（2）分别将 0.3 g 过氧化二苯甲酰和 16 mL 苯乙烯加入 100 mL 锥形瓶中，轻轻摇动至溶解后加入 250 mL 三口烧瓶中。

（3）再将 7~8 mL 0.3%（wt）的 PVA 溶液加入 250 mL 三口烧瓶中。

（4）用 130 mL 去离子水冲洗锥形瓶及量筒后，加入 250 mL 三口烧瓶中，开始搅拌和加热。

（5）在 30 min 内，将温度慢慢升高至 85~90 ℃，并保持此温度聚合反应 2 h 后，用吸管吸少量反应液涂于含冷水的表面皿中观察，若聚合物颗粒变硬，可结束反应。

（6）将反应液冷却至室温后，过滤分离，反复水洗后，用 50 ℃ 以下的温风干燥，称量。
本实验约需 6 学时。

【注意事项】

（1）搅拌太激烈，易生成砂粒状聚合物；搅拌太慢，易产生结块，附着在反应器内壁或搅拌棒上。

（2）PVA 难溶于水，必须待 PVA 完全溶解后，才可以开始加热。

（3）称量过氧化二苯甲酰采用塑料匙或竹匙，避免使用金属匙。

（4）是否能获得均匀的细珠状聚合物与搅拌速度保持不变有密切的关系。聚合过程中，不宜随意改变搅拌速度。

【思考题】

（1）影响粒径大小的因素有哪些？

（2）搅拌速度的大小和变化，对粒径的影响如何？

实验 5.2 醋酸乙烯酯溶液聚合

溶液聚合是自由基聚合反应常用的实施方法之一。

【实验原理】

溶液聚合是将单体、引发剂溶解于溶剂中，在一定温度和搅拌条件下进行聚合反应。溶液聚合解决了本体聚合中不易散热的问题。所得聚醋酸乙烯酯溶液可以加工成聚乙烯醇，可纺丝制作纺织物，也可直接用作黏合剂和清漆等。

醋酸乙烯酯的聚合方式按自由基型链式反应进行。常用的引发剂是过氧化物体系和偶氮双腈体系，反应过程中除链引发、链增长、链终止三个过程外还有链转移反应。

1. 反应机理

（1）链引发

$$R_2 \longrightarrow 2R\cdot$$

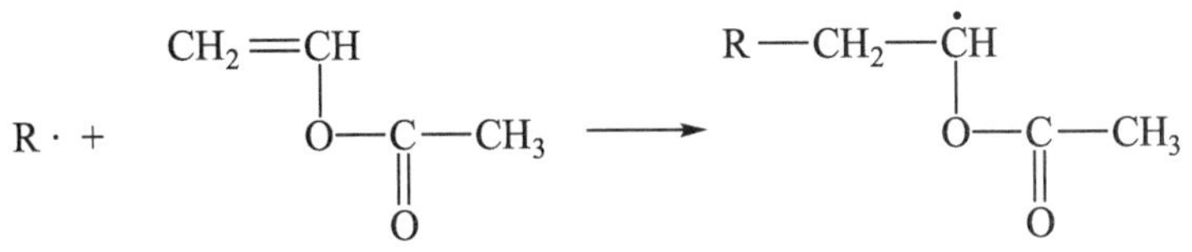

（2）链增长

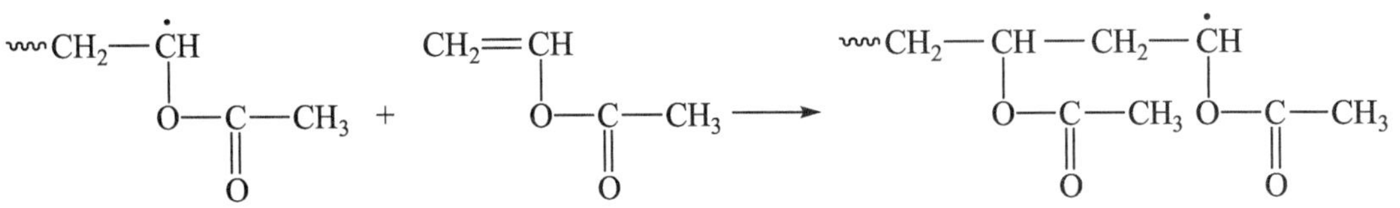

（3）链转移

在醋酸乙烯酯聚合反应中，由于 $RCH_2\overset{\cdot}{C}HOOCCH_3$ 的活性大，增长的活性链容易向溶剂、单体以及已生成的聚合物大分子转移。

① 向溶剂转移

$$M_n\cdot + HA \xrightarrow{ktr} M_nH + A\cdot$$

如果 A· 不活泼，不与单体反应，或反应速率很小，HA 就称为阻聚剂或缓聚剂；如果 A· 很活泼，易与单体发生反应，重新引起聚合反应，HA 就称为链转移剂。

有溶剂情况下平均聚合度

$$\overline{X}_n = \frac{1}{\overline{X}_0} + C_S \frac{c(S)}{c(M)}$$

式中　$\overline{X}_0$——无溶剂存在条件下聚合物的平均聚合度；

　　　$c(S)$——溶剂浓度；

　　　$c(M)$——单体浓度；

　　　C_S——链转移常数。

② 向单体转移，可形成支链聚合物

$$RCH_2\dot{C}HOOCCH_3 + CH_2{=}CHOOCCH_3$$

$$\longrightarrow RCH{=}CHOOCCH_3 + CH_3\dot{C}HOOCCH_3$$

$$或 \longrightarrow RCH_2CH_2OOCCH_3 + CH_2{=}CHOOC\dot{C}H_2$$

$$CH_2{=}CHOOC\dot{C}H_2 \xrightarrow[nM]{R\cdot} RCH_2\dot{C}HOOCCH_2\sim$$

③ 向大分子转移，也可形成支链聚合物。

（4）终止链

链终止一般按偶合终止和歧化终止两种方式进行。

歧化终止：

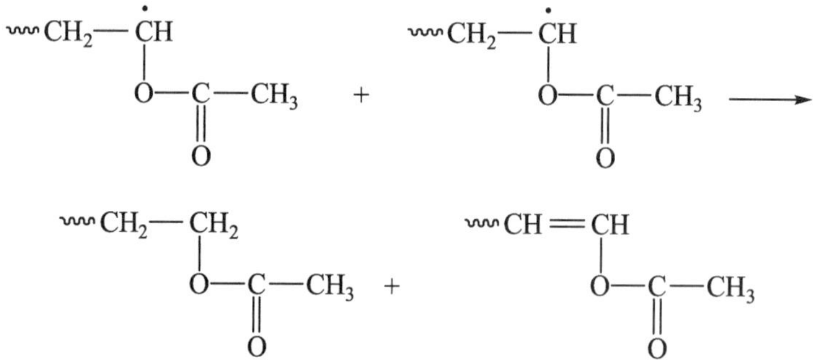

2．醋酸乙烯酯的性质

醋酸乙烯酯的分子量为 86.09。纯的醋酸乙烯酯聚合能力很强，在常温下能缓慢聚合，在光和引发剂的作用下聚合速率显著提高。聚合过程为放热反应，故聚合开始后即能自行加快聚合速率。

醋酸乙烯酯在无机酸或碱的作用下易发生水解，生成乙醛和乙酸。受热的稳定温度可达到 400 ℃。其物化常数如表 5.1 所示。

表 5.1　醋酸乙烯酯（VAC）的物化常数

凝固点/℃	− 84
沸点/℃	73
密度/g·mL^{-1}	0.934 2
折光率（n_D^{20}）	1.395 8
膨胀系数（5～250）（1/℃）	0.001 55
黏度（20 ℃）/厘泊	0.432
燃烧热/kJ·mol^{-1}	2 072.07
生成热/kJ·mol^{-1}	118.46
蒸馏潜热/kJ·mol^{-1}	32.65
闪点/℃	− 5 ～ 8
水中溶解度（20 ℃）/%	2.5
水在 VAC 中溶解度（20 ℃）/%	0.1

【仪器与试剂】

1. 仪　器

本实验主要仪器及装置同实验 5.1。

2. 试　剂

醋酸乙烯酯（新蒸馏）40 g，乙醇（或甲醇，或丙酮）40 g，过氧化苯甲酰 0.2 g。

【实验步骤】

1. 聚合物的制备

将醋酸乙烯酯 40 g、过氧化苯甲酰 0.2 g、乙醇溶剂 20 g 加入三颈烧瓶中，搅拌、加热，使引发剂过氧化苯甲酰溶解。升温至 70～73 ℃，在此温度下反应 1 h；然后加入 10 g 乙醇溶剂，又在 70～73 ℃ 下反应 1 h 后将剩余的 10 g 乙醇溶剂全部加入，继续在此温度下反应。一般反应时间为 4 h 左右。可参看反应体系黏度增加，并结合反应时间来确定反应终点。

2. 绘制转化率-时间曲线

在反应过程中测不同时间的转化率，绘制转化率随时间变化曲线。反应进行 30 min 测一个值，反应结束时测最后一个值，共测 4～6 个值。测转化率的方法是：取一块铝箔，折成一小方盒（带盖），并称量。用吸管取样 1 g 快速称量，然后在空气中使溶剂挥发 30 min 后再放入 100 ℃ 烘箱中烘 12 h，称量，直到质量恒定，即可算出转化率。

$$转化率(\%) = \frac{G_3 - G_1}{(G_2 - G_1)W} \times 100$$

式中　G_1——小盒质量，g；

G_2——干燥前，小盒质量 + 样品质量，g；

G_3——干燥后，小盒质量 + 样品质量，g；

W——单体含量，%。

此实验可以用不同的溶剂（如甲醇、丙酮）进行聚合反应，观察溶剂对反应速率的影响和对转化率的影响。

本实验约需 10 学时。

【思考题】

（1）溶液聚合的特点是什么？为什么说醋酸乙烯酯溶液聚合的关键是链转移？

（2）比较不同的溶剂对醋酸乙烯酯溶液聚合反应的影响。

实验 5.3　醋酸乙烯酯乳液聚合

乳液聚合是自由基聚合反应常用的实施方法之一。

【实验原理】

乳液聚合是在乳化剂的作用下，并借助机械搅拌，使单体在水中分散成乳状液，由引发剂引发而进行的聚合反应。所得聚醋酸乙烯酯乳液可直接用作黏合剂和清漆等。

醋酸乙烯酯乳液聚合的特点是使用能降低单体液滴和水之间界面张力的乳化剂，从而使单体稳定地分散在乳化介质中。聚合体系除醋酸乙烯酯、水、引发剂和乳化剂外，还可加入pH 调节剂，在有些情况下还可以加入表面张力调节剂和分子量调节剂等。

1. 乳化介质

水是普遍采用的乳化介质。一般多使用蒸馏水，有时使用仔细除去钙、镁盐及有机杂质的软水。当在低于 0 ℃ 条件下聚合时，还应加入百分之几的甲醇、甘油等作为防冻剂。

2. 引发剂

用作醋酸乙烯乳液聚合的引发剂，通常是水溶性过氧化物（如易于分解并同时生成HO·游离基的过氧化氢），以及某些具有乳化作用的过硫酸盐和过硼酸盐。如果采用可溶于醋酸乙烯酯的引发剂（如过氧化二苯甲酸），引发反应在单体液滴中开始，这样得到的乳胶粒子较大。

3. 乳化剂

乳化剂的作用是保证分散在水中的醋酸乙烯酯液滴和生成的乳胶粒子稳定。通常使用的有脂肪酸盐（皂）、苯磺酸盐（如拉开粉）等。它们的共性是分子中含有一个较大的烃基（憎水）和一个极性端基（亲水），具有表面活性。在水溶液中，乳化剂分子的憎水基向着单体液滴和乳胶粒，亲水基则向着水相，在单体液滴和乳胶粒子的表面形成牢固的吸附层，它能够承担普通的分散应力，而使乳液获得稳定性。单体分散在乳液中有三种形式：极少量单体溶于水中，少量分散在胶束的极性层中，大部分单体则形成乳液滴。

乳化剂在乳液聚合体系中能够形成胶束，引发反应在被增溶的胶束中进行，因此乳化剂的性质和用量与聚合过程关系密切。乳化剂用量越多，形成的胶束越多，因此得到粒子较细和粒数较多的乳胶粒，聚合速率和聚合度都有所增加。碳原子数在 12 个以下的脂肪酸皂的临界胶束浓度太大，保护层强度差，不是良好的乳化剂。

根据乳化剂分子极性基团的性质，乳化剂分为阴离子型、阳离子型和非离子型，用于乳液聚合的主要是阴离子型乳化剂，非离子型一般用作辅助乳化剂，以增强乳液的稳定性。阴离子型乳化剂在碱性条件下比较稳定，非离子型乳化剂（如环氧乙烷的聚合物）在微酸性条件下比较稳定。

4. 保护胶体

它的作用是粘在单体聚合物颗粒表面上，形成保护层，以防止乳胶粒子的合并与凝结。用作保护胶体的多为水溶性高分子物质，如甲基纤维素、明胶、淀粉和聚乙烯醇等。

5. 搅拌速度

实验证明，随着搅拌速度加快，反应速率下降，而阻化期延长。在大多数情况下，聚合过程在搅拌强度尽可能小时进行得比较好，因为这时诱导期缩短。但是另一方面，为保护反应物的均匀度，提高产品质量，并使体系中保持相同的温度，又要求有足够的搅拌速度。

6. 聚合温度

醋酸乙烯的聚合温度可以在 0 ℃ 左右至它的沸点范围内，乳液聚合的速度很快（形成聚合物的时间为百分之几秒），并生成高分子量的聚醋酸乙烯酯。如采用氧化还原引发体系，在 0～5 ℃ 就可以达到很高的转化率。而在普通的聚合中，必须使温度升高到 60～70 ℃，才能达到同样的转化率。

【仪器与试剂】

1. 仪　器

本实验主要仪器及装置同实验 5.1。

2. 试　剂

醋酸乙烯酯（新蒸馏）60 mL，5%（wt）聚乙烯醇（1799）水溶液 36 mL，10%（wt）OP-10 乳化剂水溶液 20 mL，10%（wt）SDS 水溶液 20 mL，0.9%（wt）过硫酸铵水溶液 18 mL，邻苯二甲酸二丁酯 4 mL，10%（wt）氨水适量。

【实验步骤】

1. 乳液的制备

将计量后的聚乙烯醇水溶液加入三颈瓶中，然后再加入计量好的乳化剂，开动搅拌器并开始加热升温到 65 ℃。待完全均匀后测定 pH，乳液聚合的水相就配制完毕。

在三颈瓶中先加入 12 mL 醋酸乙烯酯单体，于 65 ℃ 下乳化 30 min（工厂生产中称此过程为打底），测 pH，然后加入 8 mL 引发剂水溶液，回流 20～30 min，测 pH，若 pH < 3，则用氨水调节 pH 至 > 3（4～6），开始滴加单体，滴加速度控制在 2～3.5 h 内滴完。8 mL 引发剂水溶液在滴加单体过程中均匀地分 3～5 批加入。反应温度控制在 70～72 ℃，反应过程 pH 必须控制在 4～6。单体加完后，将剩余的 2 mL 引发剂水溶液全部加入。待无回流时加热升温至 90 ℃，反应 30 min。停止加热，降温到 50 ℃ 时加入增塑剂，继续搅拌 10 min，用氨水调节乳液 pH 为 6～6.5，即得产品。

2. 产品理化性能的测试

（1）稳定性。

分别取 5 g 产品装入 3 支试管中，分别加入 10% NaCl，10% HCl，10% NaOH 水溶液 1 mL 搅拌均匀，静置，观察乳液的稳定性。另取一试管乳液，在高速离心机上作乳液机械稳定性试验，看其有无分层。

（2）胶黏性。

将制得的产品直接用于粘接纸板，室温下停放 24 h 后，拉开粘接物，观察粘接面的破坏情况。

（3）固含量。

固含量的测定及单体转化率的计算：

取 2 g 乳液（精确到 0.002 g），置于烘至质量恒定的玻璃表面皿上，放于 100 ℃ 烘箱中烘至质量恒定（约 4 h），计算固含量和单体转化率。

$$固含量(\%) = \frac{干燥后样品质量}{干燥前样品质量} \times 100\%$$

$$单体转化率 = \frac{反应终点时体系质量 \times 固含量 - 聚乙烯醇质量}{单体质量}$$

本实验约需 10 学时。

【思考题】

（1）乳液聚合法的主要优点和缺点各是什么？

（2）醋酸乙烯酯乳液聚合各组分的作用是什么？

（3）如何控制好聚合反应？

实验5.4　丙烯酰胺水溶液聚合

丙烯酰胺为水溶性单体，其聚合物也溶于水。所得聚丙烯酰胺是一种优良的絮凝剂，水溶性好，可用作吸水树脂，也广泛用于石油开采、选矿、化学工业及污水处理等方面。

【实验原理】

将单体溶于溶剂中而进行聚合的方法叫做溶液聚合。生成的聚合物有的溶解有的不溶解，前一种情况称为均相聚合，后者则称为沉淀聚合。自由基聚合、离子型聚合和缩聚均可用溶液聚合的方法。

在沉淀聚合中，由于聚合物处在非良性溶剂中，聚合物链处于卷曲状态，端基被包裹，聚合一开始就出现自动加速现象，不存在稳定阶段。随着转化率的提高，包裹程度加深，自动加速效应也相应增强。沉淀聚合的动力学行为与均相聚合有明显不同。均相聚合时，按照双基终止机理，聚合速率与引发剂浓度的平方根成正比；而沉淀聚合一开始就是非稳态，随包裹程度的加深，其只能单基终止，故聚合速率与引发剂浓度的一次方成正比。

在均相溶液聚合中，由于聚合物是处在良性溶剂环境中，聚合物链处于比较伸展的状态，包裹程度浅，链段扩散容易，活性端基容易相互靠近而发生双基终止。只有在高转化率时，才开始出现自动加速现象。若单体浓度不高，则有可能消除自动加速效应，使反应遵循正常的自由基聚合动力学规律。因此，溶液聚合是实验室中研究聚合机理及聚合动力学等常用的方法之一。

进行溶液聚合时，由于溶剂并非完全是惰性的，其对反应会产生各种影响。选择溶剂时应考虑以下几个问题：

（1）对引发剂分解的影响。偶氮类引发剂（偶氮二异丁腈）的分解速率受溶剂的影响很小，但溶剂对有机过氧化物引发剂有较大的诱导分解作用。这种作用按下列顺序依次增大：芳烃、烷烃、醇类、醚类、胺类。诱导分解使引发剂的引发效率降低。

（2）溶剂的链转移作用。自由基是一个非常活泼的反应中心，它不仅能引发单体分子，而且还能与溶剂反应，夺取溶剂分子中的一个原子，如氢或氯，以满足它的不饱和原子价。溶剂分子提供这种原子的能力越强，链转移作用就越强。链转移使聚合物分子量降低。若反应生成的自由基活性降低，则聚合速率也将减小。

（3）对聚合物溶解性能的影响。溶剂溶解聚合物的性能控制活性链的形态及其黏度，它们决定了链终止速度与分子量的分布。

本实验采用水作为溶剂进行溶液聚合，其优点是：价廉，无毒，链转移常数小，对单体及聚合物溶解性能都好，为均相聚合。

【仪器与试剂】

1. 仪 器

本实验主要仪器及装置同实验 5.1。

2. 试 剂

丙烯酰胺（化学纯），甲醇（化学纯），过硫酸铵（分析纯），N,N'-亚甲基双丙烯酰胺（化学纯），蒸馏水，氨水。

【实验步骤】

称取 25 g 丙烯酰胺，加入 250 mL 三口反应瓶中，加入 130 mL 去离子水（不要一次性加入，留部分清洗后面盛装引发剂的容器），搅拌使其溶解，另取 20 mL 去离子水溶解一定量的过硫酸钾。待单体充分溶解后，升温到 60 ℃，调节 pH = 8。再准确称取 0.35 g 过硫酸铵，溶解在一定的去离子水中，将引发剂溶液分 5~8 次加入三口瓶中，整个过程使 pH 恒定为 8。加完引发剂之后加入 0.1 g N,N'-亚甲基双丙烯酰胺交联剂（不用甲醇溶解，可直接一次性加入，也可分成 3 次加入）。恒温 3 h，停止加热，搅拌冷却。转移产物到烧杯中，用无水甲醇萃取 3 次。将所得胶体在真空干燥烘箱中干燥（60 ℃×12 h）至质量恒定，即得到高吸水树脂。计算产品的产率，并测定产品吸水率。

吸水率测定方法：称取 5 g 产物，放入双层丝袜中，浸泡于去离子水中 24 h，再称其质量。

$$吸水率(\%) = \frac{吸水后产品质量 - 吸水前产品质量}{吸水前产品质量} \times 100\%$$

本实验约需 6 学时。

【思考题】

（1）在产品聚合过程中，若体系黏度逐渐增大，可能出现无法搅拌，为什么？

（2）能用作吸水树脂的单体除了丙烯酰胺外，还有哪些？

实验 5.5　酸催化酚醛树脂的合成

酚醛树脂是第一个商业化的人工合成聚合物，早在 1909 年就由 Bakelite 公司开始生产。它具有强度高、尺寸稳定性好、抗冲击、抗蠕变、抗溶剂和湿气性能良好等优点。大多数酚醛聚合物都需要加填料增强。通用级酚醛塑料常用云母、黏土、木粉或矿物质粉、纤维素和短纤维素来增强。而工程级酚醛聚合物则用玻璃纤维、弹性体、石墨及聚四氟乙烯来增强，使用温度达 150～170 ℃。

酚醛聚合物大量用作胶合板和纤维板的黏合剂，也用于粘接氧化铝或碳化硅做砂轮，还用作家具、汽车、建筑、木器制造等工业的黏合剂。它的另一个重要应用是作为涂料，如酚醛清漆，将它与醇酸树脂、聚乙烯、环氧树脂等混合使用，性能很好。含有酚醛树脂的复合材料可用于航空飞行器，它可以制成开关、插座机壳等。

酚醛树脂具有优良的绝缘、耐热、耐老化、耐化学腐蚀等性能，还可用于电子、电器、塑料、木材纤维等工业，由酚醛树脂制成的增强塑料还是空间技术中使用的重要电子材料。

【实验原理】

1. 酚醛树脂的合成

酚醛树脂由苯酚和甲醛在催化剂条件下缩聚，经中和、水洗而制成，其结构式为

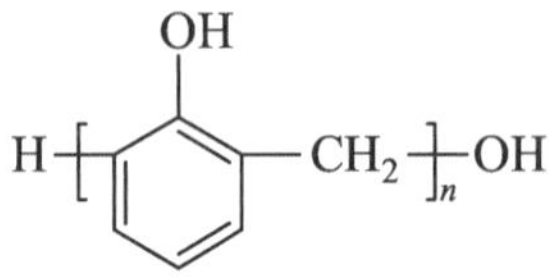

因选用的催化剂不同，苯酚-甲醛树脂包括线型酚醛树脂、热固性酚醛树脂和油溶性酚醛树脂。

本实验是在盐酸为催化剂存在下，使单体甲醛与过量苯酚缩聚，得到热塑性酚醛树脂，其反应方程式如下：

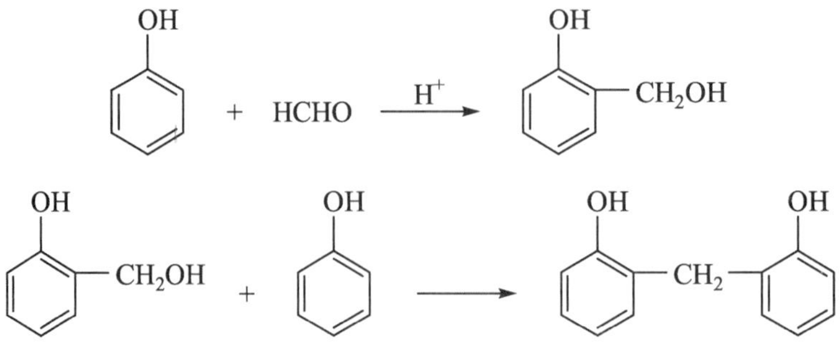

继续反应生成线型大分子：

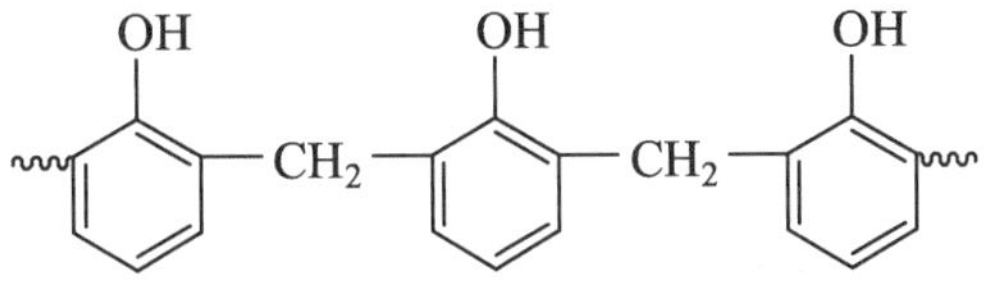

2. 甲醛含量的测定

分析甲醛含量的方法是以酚酞为指示剂，根据甲醛与亚硫酸钠作用生成氢氧化钠的量来计算甲醛含量。其反应方程式如下：

$$HCHO + Na_2SO_3 + H_2O \longrightarrow H-\overset{\overset{\displaystyle H}{|}}{\underset{\underset{\displaystyle SO_2Na}{|}}{C}}-OH + NaOH$$

【仪器与试剂】

1. 仪　器

聚合装置一套（包括 250 mL 三口烧瓶一个、电动搅拌器一套、冷凝管一支、0 ~ 100 ℃温度计一支、加热套一个）、表面皿、吸管、25 mL 移液管、煤气灯、锥形瓶。

2. 试　剂

苯酚、甲醛、蒸馏水、酚酞、NaOH 标准溶液、亚硫酸钠、盐酸（0.5 mol/L）。

【实验步骤】

1. 酚醛树脂的合成

将 50 g 苯酚及 41 g 甲醛溶液在 250 mL 三口烧瓶中混合，然后固定在固定架上，装好回流冷凝管及搅拌器、温度计，在加热套中缓缓加热，使温度保持在 (60 ± 2) ℃。取 3 g 上述混合溶液，加 1.0 mL 盐酸，反应即开始。每隔 30 min 用吸管取 2 ~ 3 g，放入预先称量好的 150 mL 锥形瓶中，分别进行分析。

反应 3 h 后，将反应瓶中的全部物料倒入表面皿中。冷却后倒去上层水，下层缩合物用水洗涤数次，至洗涤液呈中性为止。然后用煤气灯小火加热，由于有水存在，树脂在开始加热时有泡沫产生。当水蒸发完后，移去煤气灯（防止烧焦），倒在铁皮上冷却，称量。

2. 甲醛含量的测定

准确称量 3 g 苯酚与甲醛的混合物，放入 250 mL 锥形瓶中，用移液管加 25 mL 蒸馏水，加 3 滴酚酞，用 NaOH 标准溶液滴定至呈红色。再加 50 mL 1 mol/L 的 Na_2SO_3 溶液，为了使 Na_2SO_3 与甲醛反应完全，混合物应在室温下放置 2 h，然后用 0.5 mol/L 盐酸滴定至褪色为止。

甲醛含量按下式计算：

$$X(\%) = \frac{0.03Vc \times 100}{m}$$

式中　X——甲醛含量，%；

V——滴定消耗的盐酸体积，mL；

c——盐酸的摩尔浓度，mol/L；

m——样品质量，g；

0.03——相当于 1 mL 1 mol/L 盐酸的甲醛含量，g。

根据分析结果，计算不同时间甲醛的转化率，以时间对甲醛浓度作图。

本实验约需 10 学时。

【思考题】

（1）本实验中，苯酚过量，为什么？

（2）测定甲醛含量时，为什么在苯酚与甲醛的混合物中加酚酞后，用 NaOH 标准溶液滴定至呈红色？

实验 5.6　界面聚合法制备尼龙 610

尼龙是一种应用广泛的合成塑料、纤维，发明于 1935 年 2 月 28 日，发明者为美国杜邦公司的华莱士·卡罗瑟斯（Wauace Carothers）。1938 年尼龙正式上市，最早的尼龙制品是尼龙制的牙刷，于 1938 年 2 月 24 日开始出售；妇女穿的尼龙袜，于 1940 年 5 月 15 日上市。尼龙纤维是多种人造纤维的原材料，而硬的尼龙也被用在建筑业中。

界面缩聚是实施缩聚反应的一种方法。界面聚合具有以下特征：

（1）两种反应物不需要按严格的摩尔比加入。

（2）高分子量聚合物的生成与总转化率无关。

（3）界面聚合反应一般是受扩散控制的反应，反应快速，可连续性获得聚合物。

（4）常温聚合，不需加热。在低温下无副反应，分子量一般很高。

（5）反应一直进行到一种试剂被用完，所以得到的产率往往很高。

【实验原理】

缩聚反应一般是逐步进行的，生成聚合物的分子量随反应程度的增加而逐步增大。例如，二元胺-二元酸的缩聚反应通常是在 200 ℃ 以上的温度下慢慢进行，经过 5～15 h 后才可获得高分子量的聚酰胺。界面缩聚是缩聚反应的特有实施方式：将两种单体分别溶解于互不相溶的两种溶剂中，然后将两种溶液混合，聚合反应只发生在两相溶液的界面上。界面聚合要求单体有很高的反应活性，适用于不可逆缩聚反应。例如，己二胺与己二酰氯制备尼龙-66 是实验室常用的方法，其反应特征为：己二胺的水溶液为水相（上层），己二酰氯的四氯化碳溶液为有机相（下层）；两者混合时，由于胺基与酰氯的反应速率常数很大，在相界面上马上就可以生成聚合物的薄膜。

界面聚合具有不同于一般的逐步聚合反应的机理。单体由溶液扩散到界面，主要与聚合物分子链的官能团反应。通常聚合反应在界面的有机相一侧进行，如二胺与二酰氯的聚合反应。界面缩聚反应温度较低，一般在 0～50 ℃。

界面聚合方法已用于许多聚合物的合成，如聚酰胺、聚碳酸酯及聚氨基甲酸酯等。这种聚合方法也有缺点：二元酰氯单体成本高，需要使用和回收大量溶剂等。这些缺点使它的工业应用受到很大的限制。

要使界面聚合反应成功进行，需要考虑的因素有：

（1）将生成的聚合物及时移走，以使聚合反应不断进行。

（2）反应过程有酸性物质生成，则要在水相中加入碱。

（3）单体最佳浓度比应能保证扩散到界面处两种单体为等物质的量时的配比，但并不总是 1∶1。

（4）采用搅拌等方法提高界面的总面积。

本实验是在室温不搅拌情况下，通过界面聚合制备尼龙-610。己二胺与癸二酰氯反应的方程式如下：

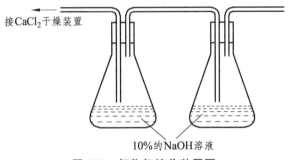

$$HOOC—(CH_2)_4—COOH \xrightarrow{SOCl_2} ClOC(CH_2)_4COCl + SO_2 + HCl$$

$$n\,ClOC(CH_2)_4COCl + n\,H_2N(CH_2)_6NH_2 \xrightarrow{NaOH} \left[CO(CH_2)_4CONH(CH_2)_6NH\right]_n$$

　　　　癸二酰氯　　　　　　己二胺　　　　　　　　　　　　聚酰胺

【仪器与试剂】

1. 仪 器

磁力搅拌器、圆底烧瓶、减压蒸馏装置、烧杯、回流冷凝管、玻璃棒、干燥器、漏斗、玻璃管、量筒、天平、温度计。

2. 试 剂

癸二酸、己二胺、氯化亚砜、四氯化碳、氢氧化钠。

（1）癸二酰氯的合成

圆底烧瓶（50 mL）两个，回流冷凝管一个，氯化钙干燥管一支，油浴设备一套，蒸馏设备一套，氯化氢气体吸收装置一套（图 5.2）。

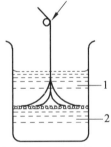

接CaCl₂干燥装置

10%的NaOH溶液

图 5.2　氯化氢接收装置图

（2）尼龙-610 的合成

烧杯（250 mL）两个，玻璃棒，铁架。装置如图 5.3 所示。

1

2

图 5.3　界面缩聚法制备尼龙-66 的实验装置

1—己二胺-氢氧化钠水溶液；2—己二酰氯的四氯化碳溶液

【实验步骤】

1. 癸二酰氯的制备

（1）将 20 g 癸二酸（0.1 mol）和 40 g 氯化亚砜（0.33 mol）加入 100 mL 烧瓶中。

（2）安装回流装置，并在回流冷凝管上加干燥管（回流冷凝管上方装有氯化钙干燥管）和出气管，出气管接氯化氢气体吸收装置。

（3）加入两滴二甲基酰胺，即有大量气体生成，加热至 50 ℃ 反应 2 h 左右，直至无氯化氢气体放出。

（4）将回流装置改为蒸馏装置，首先在常压下利用温水浴，将过剩的二氯亚砜蒸馏除去［为完全除去二氯亚砜，将水浴再改油浴（60～80 ℃），真空减压蒸馏至无二氯亚砜馏分析出为止］，再收集 66.66 Pa 压力下 124 ℃ 或 266.6 Pa 压力下 142 ℃ 的馏分，得到无色的癸二酰氯。

2. 界面聚合

（1）在 100 mL 烧杯中加入 2.52 g 己二胺（0.02 mol）、3.0 g 氢氧化钠（0.075 mol）和 50 mL 蒸馏水，搅拌使固体溶解。

（2）在 250 mL 锥形瓶中加入 2.4 g 癸二酰氯（0.01 mol）和 50 mL 四氯化碳，振摇使两者混合均匀。

（3）沿着烧杯壁将己二胺溶液缓缓倒入癸二酰氯的溶液中，用玻璃棒小心将界面处的聚合物拉出，并缠在玻璃棒上，直至癸二酰氯反应完毕（图 5.4）。

图 5.4　界面缩聚产物移出示意图

（4）用 3%的盐酸洗涤聚合物以终止聚合，再用蒸馏水洗涤至中性，于 80 ℃ 真空干燥，得到聚合物，称量。

本实验约需 6 学时。

【注释】

（1）玻璃器具必须事先清洗干净，并注意连接口的气密性良好。

（2）四氯化碳必须事先蒸馏（b.p.76.8 ℃）或已干燥过。

（3）本实验所用试剂对皮肤有刺激性，如果溅到人身上应立即用水清洗，并用肥皂和水冲洗所波及的地方。

（4）化学药品应在通风橱中使用，并避免长时间呼吸这些蒸气。

（5）氢氧化钠腐蚀性很强，应特别注意防止溅入眼中，处理时最好戴上防护眼镜。

（6）在处理尼龙时，必须十分小心，以防有时形成的含有吸留液体的小气泡爆裂，避免喷出的液体溅入眼睛。

【思考题】

（1）加 NaOH 的目的是什么？反应完后加 1% HCl 的作用是什么？

（2）在不搅拌界面缩聚实验中，要使实验成功，主要做到哪几点？

（3）在界面缩聚中为什么要形成两相？界面的作用是什么？

（4）界面聚合能否用于聚酯的合成，为什么？

（5）如何测定聚合反应的反应过程和产物的分子量大小？

实验 5.7　苯乙烯与马来酸酐的交替共聚合及产物的 FTIR 测定

苯乙烯与马来酸酐的交替共聚合不仅可以改进聚苯乙烯的亲水性，同时可充分利用马来酸酐原料资源。所得产物可用作高分子表面活性剂和水垢清洗剂等。

【实验原理】

苯乙烯与马来酸酐交替共聚反应的方程式如下：

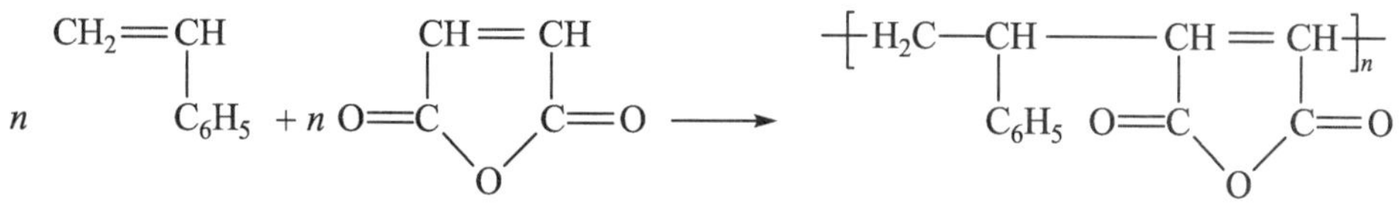

带强斥电子取代基的乙烯基单体与带强吸电子取代基的乙烯基单体组成的单体对进行共聚合反应时，容易得到交替共聚物。关于其聚合反应机理，目前有两种理论："过渡态极性效应理论"认为，在反应过程中，链自由基和单体加成后形成因共振作用而稳定的过渡态。以苯乙烯-马来酸酐共聚合为例，因极性效应，苯乙烯自由基更易与马来酸酐单体形成稳定的共振过渡态，因而优先与马来酸酐进行交叉链增长反应；反之马来酸酐自由基则优先与苯乙烯单体加成，结果得到交替共聚物。

"电子转移复合物均聚理论"则认为两种不同极性的单体先形成电子转移复合物，该复合物再进行均聚反应得到交替共聚物，这种聚合方式不再是典型的自由基聚合。

当这样的单体对在自由基引发下进行共聚合反应时：① 当单体的组成比为 1∶1 时，聚合反应速率最大；② 不管单体组成比如何，总是得到交替共聚物；③ 加入 Lewis 酸可增强单体的吸电子性，从而提高聚合反应速率；④ 链转移剂的加入对聚合产物分子量的影响甚微。

【仪器与试剂】

1. 仪　器

装有搅拌器、冷凝管、温度计的三颈瓶 1 套；恒温水浴 1 套；抽滤装置 1 套。

2. 试　剂

甲苯 75 mL，苯乙烯（新蒸）2.9 mL，马来酸酐 2.5 g，AIBN0.005 g。

【实验步骤】

在装有冷凝管、温度计与搅拌器的三颈瓶中分别加入 75 mL 甲苯、2.9 mL 新蒸苯乙烯、2.5 g 马来酸酐及 0.005 g AIBN，将反应混合物在室温下搅拌至反应物全部溶解成透明溶液，保持搅拌，加热升温至 85 ~ 90 ℃，可观察到有苯乙烯-马来酸酐共聚物沉淀生成。反应 1 h 后停止加热，反应混合物冷却至室温后抽滤，所得白色粉末在 60 ℃ 下真空干燥 24 h，称量，计算产率。测试产物的红外光谱，并比较聚苯乙烯与苯乙烯-马来酸酐共聚物的红外光谱。

本实验约需 8 学时。

【思考题】

试推断以下单体对进行自由基共聚合时，哪些容易得到交替共聚物？为什么？
① 丙烯酰胺-丙烯腈；② 乙烯-丙烯酸甲酯；③ 三氟氯乙烯-乙基乙烯基醚。

实验 5.8　无皂乳液聚合法合成单分散高分子胶体微球

传统的乳液聚合法因乳化剂的存在而影响乳液成膜的致密性、耐水性、耐擦洗性和附着力等。无皂乳液聚合由于避免了乳化剂存在下的隔离、吸水、渗出等作用，能得到尺寸单一、分散、表面洁净的胶体粒子；同时消除了乳化剂对环境的污染。在环境保护备受关注的今天，无皂乳液聚合已日益受到重视，广泛应用于胶体粒子性质的研究、水性涂料助剂、涂料、黏合剂等领域。

聚苯乙烯微球具有比表面积大、吸附性强、凝聚作用大及表面反应能力强等特性，有着广泛的应用前景。

【实验原理】

无皂乳液聚合是在传统乳液聚合基础上发展起来的一项新技术，指在反应过程中完全不加乳化剂或仅加入微量乳化剂（小于临界胶束浓度 CMC）的乳液聚合过程。与传统乳液聚合相比，无皂乳液聚合的主要特点在于胶粒的形成机理及其稳定的条件完全不同。

在无皂乳液聚合体系中几乎没有乳化剂存在，胶粒主要通过结合在聚合物链或其端基上的离子基团、亲水基团等得以稳定。引入这些基团主要通过 3 种方法：

（1）利用引发剂，如过硫酸盐分解产生的自由基，引发聚合而引入离子基团；

（2）与水溶性单体进行共聚，共聚单体因亲水性而位于胶粒表面，这些亲水基在一定 pH 下以离子形式存在，或者依靠它们之间的空间位阻效应而稳定胶粒；

（3）加入离子型单体参加共聚，由于其亲水性而倾向于排列在聚合物离子/水的界面，发挥类似乳化剂的作用。

关于无皂乳液聚合的机理，目前有两种比较成熟的理论。一是由 Fitch 等人提出的"均相沉淀"机理。该理论认为，溶于水中的单体分子被引发后，链增长速率较快，当生成的聚合物分子链长度达到某一临界值时，即从水相中析出，形成初始的乳胶粒子。起初胶粒表面电荷密度较低，它们之间的静电斥力不足以维持自身的稳定，便互相聚结，直至生成稳定的胶粒。同时，胶粒被单体溶胀进行增长反应，体系中的微量乳化剂只起到稳定作用，而不能成为聚合反应的场所。该理论可以较好地解释甲基丙烯酸甲酯（MMA）、醋酸乙烯酯（Vac）等水溶性较大单体的聚合过程，其成核机理如图 5.5 所示。而对于苯乙烯（St）等疏水性单体来说，Goodwall 等根据其实验现象和结果提出了"齐聚物胶束"理论，认为反应开始时，引发速率比链增长速率快，可以生成大量具有表面活性的齐聚物自由基，由此而形成的胶束吸附单体分子或增长自由基，进行反应，整个过程如图 5.6 所示。

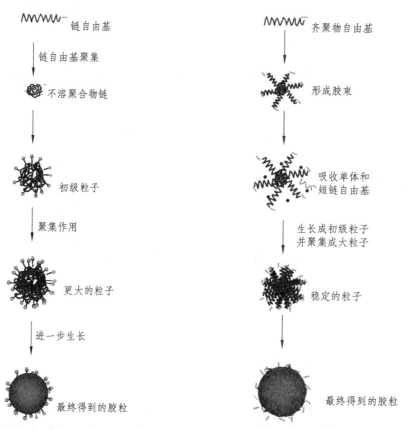

图 5.5 "均相沉淀"机理示意图　　　　图 5.6 "齐聚物胶束"机理示意图

苯乙烯无皂乳液聚合反应（使用过硫酸钾为引发剂）过程中，引发剂分解产生自由基，并进攻单体，形成大量单体自由基，单体自由基继续进攻其他单体，形成聚合物链自由基，当聚合物链生长至一定长度后，不能在水溶液中溶解而聚集形成初级胶体粒子。反应过程中初级胶体粒子间会发生聚集，形成较大的胶体粒子，单位体积内的粒子数减少，随着聚合反应的继续进行，单体不断被消耗（转化率提高），聚合物胶体粒子数基本不变，但胶体粒子不断长大。

【仪器与试剂】

1. 仪　器

控温加热装置，水浴锅，搅拌器，回流冷凝管，橡胶塞（24#），通氮管（可用长针头），三颈圆底烧瓶。

2. 试　剂

苯乙烯（St，分析纯，新蒸），过硫酸钾（KPS，分析纯），氯化钠（NaCl，分析纯），去离子水，高纯氮气。

【实验步骤】

1. 高分子胶体微球分散液的制备

在三颈瓶中加入 150 mL 去离子水，依次加入 0.3 mol 引发剂 $K_2S_2O_8$、0.15 mol 苯乙烯、2.25 mmol 氯化钠。将通氮管浸入液面以下，调节氮气流速，使出气口冒泡速度 1 ~ 3 个/s，然后开启搅拌（搅拌速率 300 r/min 左右）。将控温仪温度设定在 30 ℃，通氮搅拌 30 ~ 45 min 后，继续升温，将聚合温度设定为 75 ~ 80 ℃。待反应在 75 ~ 80 ℃ 进行 5 h 后，停止加热，使体系温度下降至室温，即获得高分子胶体微球分散液。

2. 单体转化率及产物溶液的固含量测定

自制一个锡箔纸槽，取高分子微球分散液体 5.0 g，将其放在 100 ℃ 烘箱中烘干，通过测量烘干前后样品质量的变化，计算固含量及单体转化率。

3. 高分子胶体微球的大小测定

高分子胶体微球的尺寸大小可以通过显微镜来观察，如有参比尺，可统计胶体的尺寸大小。本实验约需 10 学时。

【思考题】

（1）解释聚合反应前必须向体系通高纯氮气的原因。
（2）解释聚合反应过程中反应溶液体系所呈现的颜色变化规律。
（3）推测乳胶粒成膜后的颜色与胶粒尺寸的关系。
（4）根据无皂乳液聚合原理预测引发剂种类、用量对聚合过程及产物参数的影响。

实验 5.9 甲基丙烯酸甲酯聚合物综合实验

实验 1 甲基丙烯酸甲酯的精制

【实验原理】

甲基丙烯酸甲酯为无色透明液体，常压下沸点为 100.3 ～ 100.6 ℃。

为了防止甲基丙烯酸甲酯在储存时发生自聚，通常加入适量的阻聚剂——对苯二酚，在聚合前需将其除去。对苯二酚可与氢氧化钠反应，生成溶于水的对苯二酚钠盐，再通过水洗即可除去大部分的阻聚剂。

水洗后的甲基丙烯酸甲酯还需进一步蒸馏精制。由于甲基丙烯酸甲酯沸点较高，加之本身活性较大，如果采用常压蒸馏会因强烈加热而发生聚合或其他副反应。减压蒸馏可降低化合物的沸点温度，单体的精制常采用减压蒸馏。

由于液体表面分子逸出体系所需的能量随外界压力的降低而降低，因此降低外界压力便可以降低液体的沸点。沸点与真空度之间的关系可近似用下式表示：

$$\lg p = A + \frac{B}{T}$$

式中　p——真空度；

　　　T——液体的沸点；

　　　A、B——常数。

甲基丙烯酸甲酯的沸点与压力关系如表 5.2 所示。

表 5.2　甲基丙烯酸甲酯的沸点与压力关系

沸点/℃	10	20	30	40	50	60	70	80	90	100
压力/mmHg	24	35	53	81	124	189	279	397	543	760

【仪器与试剂】

1. 仪　器

实验装置见图 5.7。

2. 试　剂

甲基丙烯酸甲酯（化学纯）。

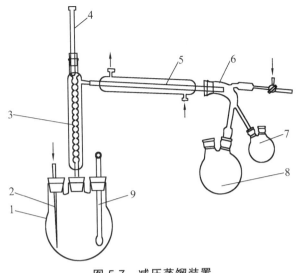

图 5.7 减压蒸馏装置

1—蒸馏瓶；2—毛细管；3—刺型分馏柱；4—温度计；5—直形冷凝管；
6—分流头；7—前馏分接收瓶；8—接收瓶；9—温度计

【实验步骤】

（1）按图 5.7 安装减压蒸馏装置，并与真空体系、高纯氮体系连接。要求整个体系密闭。开动真空泵抽真空，并用水浴加热三口烧瓶、分馏柱、冷凝管、接受瓶等玻璃仪器，尽量除去系统中的空气，然后关闭抽空活塞和压力计活塞，通入高纯氮气至正压。待冷却后，再抽真空、烘烧，反复三次。

（2）取 80 ~ 100 mL 甲基丙烯酸甲酯，加入减压蒸馏装置中，加热并开始抽真空，控制体系压力为 100 mmHg（1 mmHg = 133 Pa）进行减压蒸馏，收集 46 ℃ 的馏分。由于甲基丙烯酸甲酯沸点与真空度密切相关，所以对体系真空度的控制要仔细，使体系真空度在蒸馏过程中保持稳定，避免因真空度变化而形成暴沸，将杂质夹带进蒸好的甲基丙烯酸甲酯中。

（3）精制好的单体要在高纯氮的保护下密封，放入冰箱中保存，待用。

【思考题】

（1）单体甲基丙烯酸甲酯在聚合前为何需要进行精制？为什么采用减压蒸馏的方法？

（2）单体甲基丙烯酸甲酯中的阻聚剂一般是何种物质？其作用是什么？如何在聚合前除去？

实验 2　甲基丙烯酸甲酯本体聚合及成型

【实验原理】

本体聚合是指单体仅在少量的引发剂存在下进行的聚合反应，或者直接在热、光和辐照作用下进行的聚合反应。本体聚合具有产品纯度高，无需后处理等优点，可以直接聚合成各种规格的型材。但是，由于体系黏度大，聚合热难以散去，反应控制困难，本体聚合产品发黄，出现气泡，从而影响产品的质量。

本体聚合进行到一定程度，体系黏度大大增加，常常出现自动加速现象。

聚甲基丙烯酸甲酯为无定形聚合物，具有高度的透明性，表面光滑，因此称为有机玻璃。聚甲基丙烯酸甲酯具有较好的耐冲击强度和良好的低温性能，是航空工业和光学仪器制造业的重要材料。但是，它也有耐候性差、表面易磨损等缺点，需用甲基丙烯酸甲酯与苯乙烯等单体共聚来改善其耐磨性。

有机玻璃是通过甲基丙烯酸甲酯的本体聚合制备的。甲基丙烯酸甲酯的密度小于聚合物的密度，在聚合过程中出现较为明显的体积收缩，为了克服或避免体积收缩以及有利于散热，工业上往往采用两步法制备有机玻璃。在偶氮二异丁腈或过氧化苯甲酰引发下，甲基丙烯酸甲酯聚合初期反应平稳；当转化率超过 20% 之后，聚合体系黏度增加，聚合速率显著增加。此时应停止第一阶段反应，将聚合浆液转移到模具中，在低温下长时间反应。当转化率达到 90% 以上时，聚合物已经成型，可以升高温度使单体完全聚合。

甲基丙烯酸甲酯中由于有双键存在，在引发剂的作用下或在其他能源作用下，可发生聚合反应，生成聚甲基丙烯酸甲酯。其反应方程式如下：

$$n\ CH_2=C\!\!\begin{array}{c}CH_3\\[2pt]COOCH_3\end{array}\ \xrightarrow{AIBN}\ \left[CH_2-\!\!\begin{array}{c}CH_3\\|\\C\\|\\COOCH_3\end{array}\!\!\right]_n$$

【仪器与试剂】

1. 仪　器

三颈瓶（125 mL），回流冷凝器，搅拌电机及搅拌器等，测温元件，控温元件，水浴加热装置一套，青霉素小瓶 30 只。

2. 试　剂

甲基丙烯酸甲酯（新蒸馏）50 g，过氧化苯甲酰（分析纯）0.05 g，硬脂酸（化学纯）0.5 g，邻苯二甲酸二丁酯（化学纯）5 g。

【实验步骤】

（1）先将甲基丙烯酸甲酯等单体加入三口烧瓶中，开动搅拌，再依次加入引发剂、脱模剂、增塑剂。待混溶好后，用水浴加热三口烧瓶，使温度维持在 80～85 ℃（最好是 83 ℃）进行预聚合反应。

（2）当反应物的相对黏度和转化率达到一定值，已开始形成黏性液体时即停止反应（时间为 0.5～1 h），并取出三口烧瓶，使反应物冷却到 50 ℃。然后将制得的预聚物小心地灌入事先准备好的模型（如青霉素小瓶）中，注意排除气泡，最后封闭模型开口处。再送入恒温烘箱中，在 55 ~ 65 ℃ 温度下进行低温长时间聚合（16 ~ 20 h），待体系固化失去流动性，再升温到 100 ℃ 保温 2 h。最后缓冷至室温，拆除模型即得产品。

【思考题】

（1）本体聚合的特点是什么？还存在什么问题？
（2）甲基丙烯酸甲酯的本体聚合，为什么要进行预聚？这一过程是否必要？为什么？
（3）为了保证产品质量，必须从哪些方面控制聚合反应？

实验 3　黏度法测定 PMMA 溶液的分子量

分子量是聚合物最基本的结构参数之一，与材料性能有着密切的关系，在理论研究和生产过程中经常需要测定这个参数。测定聚合物分子量的方法很多，不同测定方法所得的统计平均分子量的意义有所不同，其适应的分子量范围也不相同。在高分子工业和研究工作中，最常用的测定法是黏度法，它是一种相对的方法，适用于分子量在 $10^4 \sim 10^7$ 的聚合物。此法设备简单、操作方便，又有较高的实验精度。通过测定聚合物体系黏度，除了提供黏均分子量 $\bar{M}_\eta$ 外，还可得到聚合物的分子链尺寸和膨胀因子，其应用最为广泛。

【实验原理】

高分子稀溶液的黏度主要反映了液体分子之间因流动或相对运动所产生的内摩擦阻力。内摩擦阻力越大，表现出来的黏度就越大，且与高分子的结构、溶液浓度、溶剂的性质、温度以及压力等因素有关。对于高分子进入溶液后所引起的液体黏度的变化，一般采用下列有关黏度量进行描述。

（1）相对黏度 η_r

若纯溶剂的黏度为 η_0，同温度下溶液的黏度为 η，则 $\eta_r = \eta / \eta_0$。相对黏度是一个无因次的量，随着溶液浓度的增加而增加。对于低剪切速率下的高分子溶液，其值一般大于 1。

（2）增比黏度 η_{sp}

增比黏度 η_{sp} 是相对于溶剂来说溶液黏度增加的分数，也是一个无因次的量，与溶液的浓度有关。

$$\eta_{sp} = \frac{\eta - \eta_0}{\eta_0} = \eta_r - 1$$

（3）特性黏度 $[\eta]$

特性黏度 $[\eta]$ 定义为比浓黏度 η_{sp} / c 或对数黏度 $\ln \eta_r / c$ 在无限稀释时的外推值，即

$$[\eta] = \lim_{c \to 0} \frac{\eta_{sp}}{c} = \lim_{c \to 0} \frac{\ln \eta_r}{c}$$

$[\eta]$ 又称为极限黏度，其值与浓度无关，量纲是浓度的倒数。

实验证明，对于给定聚合物，在给定的溶剂和温度下，$[\eta]$ 的数值仅由样品的黏均分子量 M_η 所决定。实践证明，$[\eta]$ 与 M_η 的关系如下：

$$[\eta] = K\bar{M}_\eta^\alpha$$

上式称为 Mark-Houwink 方程。

式中　K——比例常数；

　　　α——扩张因子，与溶液中聚合物分子的形态有关；

　　　$\bar{M}_\eta$——黏均分子量。

K、α 与温度、聚合物种类和溶剂性质有关，K 值受温度的影响较明显，而 α 值主要取决于高分子线团在溶液中舒展的程度，一般介于 0.5～1.0。对给定的聚合物-溶剂体系，一定的分子量范围内 K、α 值也可从有关手册中查到，或采用几个标准样品，由 $[\eta] = K\bar{M}_\eta^\alpha$ 进行确定，标准样品的分子量由绝对方法（如渗透压和光散射法等）确定。

在一定温度下，聚合物溶液的黏度对浓度有一定的依赖关系。描述溶液黏度的浓度依赖的方程式很多，而应用较多的有：

哈金斯（Huggins）方程：$\eta_{sp} = [\eta] + k'[\eta]^2 c$

克雷默（Kraemer）方程：$\dfrac{\ln \eta_c}{c} = [\eta] - \beta[\eta]^2 c$

对于给定的聚合物，在给定温度和溶液时，k'、β 应是常数。k' 称为哈金斯常数，它表示溶液中高分子间和高分子与溶剂分子间的相互作用，一般说来，对线形柔性链高分子良溶剂体系，$k' = 0.3～0.4$，$k' + \beta = 0.5$。用 $\dfrac{\ln \eta_r}{c}$ 对 c 作图，外推，和用 $\dfrac{\eta_{sp}}{c}$ 对 c 作图，外推，可得到共同的截距 $[\eta]$（图 5.8），由此得一点法求 $[\eta]$ 的方程：

$$[\eta] = \frac{\sqrt{2(\eta_{sp} - \ln \eta_r)}}{c}$$

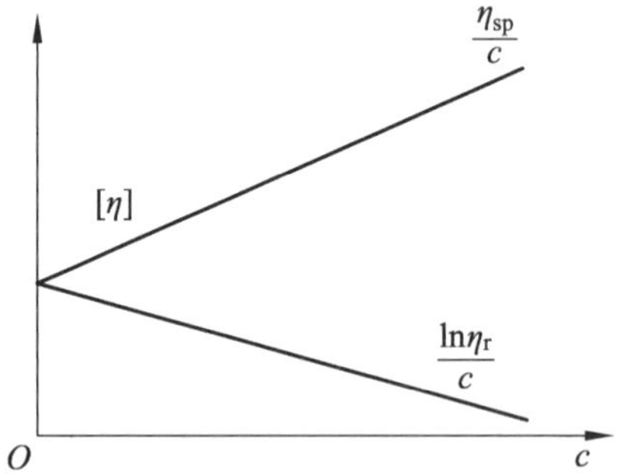

图 5.8　外推法求 $[\eta]$

由上可见，用黏度法测定高分子溶液的分子量，关键在于求得 $[\eta]$，最方便的是用毛细管黏度计测定溶液的相对黏度。常用的黏度计为乌氏（Ubbelohde）黏度计，其特点是溶液的体积对测量没有影响，所以可以在黏度计内采取逐步稀释的方法得到不同浓度的溶液的黏度。

148

根据相对黏度的定义：

$$\eta_r = \frac{\eta}{\eta_0} = \frac{\rho t\left(1 - \dfrac{B}{At^2}\right)}{\rho_0 t_0 \left(1 - \dfrac{B}{At_o^2}\right)}$$

式中　ρ, ρ_0——溶液和溶剂的密度，因溶液很稀，$\rho \approx \rho_0$；

　　　A、B——黏度计常数；

　　　t、t_0——溶液和溶剂在毛细管中的流出时间，即液面经过刻线 a、b 所需时间（如图 5.9 所示）。

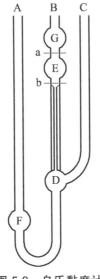

图 5.9　乌氏黏度计

在恒温条件下，用同一支黏度计测定溶液和溶剂的流出时间，溶剂在该黏度计中的流出时间大于 100 s，则动能校正项 $B/At^2 \ll 1$，可忽略不计，因此溶液的相对黏度为

$$\eta_r = \frac{t}{t_0}$$

样品溶液浓度一般在 $0.01\ \mathrm{g\cdot mL^{-1}}$ 以下，使 η_r 值在 1.05～2.5 较为适宜。η_r 最大不应超过 3.0。

【仪器与试剂】

1. 仪　器

乌氏毛细管黏度计（图 5.9），恒温装置（玻璃缸水槽、加热棒、控温仪、搅拌器），秒表（最小单位 0.01 s），洗耳球，夹子，2 000 mL 容量瓶，500 mL 烧杯，砂芯漏斗（5#）。

2. 试　剂

实验 2 的产物（未固化），氯仿或丙酮。

【实验步骤】

1. 安装黏度计

将洗净烘干的黏度计用过滤后的纯溶剂洗 2 ~ 3 次，再固定在恒温（30.0 ± 0.1）°C 的水槽中，使其保持垂直，并尽量使 E 球全部浸泡在水中，最好使 a、b 两刻线均没入水面以下（图 5.10）。

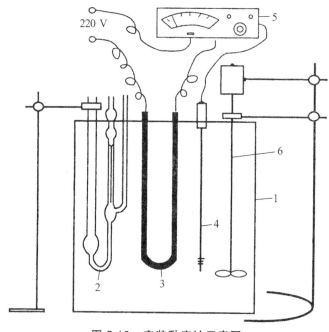

图 5.10　安装黏度计示意图

1—水槽；2—毛细管；3—加热棒；4—测温探头；5—控温仪；6—搅拌器

安装时除注意垂直外，还应注意固定牢固，在测量过程中不致引起数据误差。

2. 溶液流经时间 t 的测定

用待测溶液润洗移液管 1 ~ 2 次，准确量取 10 ~ 15 mL 待测溶液，加入黏度计中，固定在水槽中，恒温 15 min 左右，开始测定。闭紧 C 管上的乳胶管，再用洗耳球将 B 管中的溶液吸至 G 球的一半（注意 B 管中溶液表面不能有气泡，若有气泡，可从 B 管上方将其吸出），拿下洗耳球，打开 C 管，记下溶液流经 a、b 刻线之间的时间 t。重复测定几次，直到出现 3 个数据，两两误差小于 0.2 s，取这三次时间的平均值。

用移液管准确量取 5 mL 溶剂，加入黏度计中，混合均匀，重复上述方法测量 t。依此方法，可测定不同浓度溶液的流出时间。

3. 纯溶剂流出时间 t_0 的测定

将上述被测溶液全部倒出，倒入废液桶中。再加入 10 mL 溶剂仔细清洗黏度计的各支及毛细管，将该溶液倒入废液桶中，重复清洗 3 次。用移液管量取 10 ~ 15 mL 溶剂，重复上述步骤，测定溶剂的流出时间。

4. 结束工作

倒出黏度计中的溶剂，倒入废液桶，小心拔下乳胶管，将洗耳球和止水夹放置在水槽边，交回秒表，关闭恒温水槽电源。

【思考题】

（1）用一点法测分子量有什么优越性？
（2）如果资料里查不到 K、α 值，如何求得 K、α 值？
（3）试讨论黏度法测定分子量的影响因素。

实验 4　差示扫描量热仪测 PMMA 的玻璃化转变温度

【实验原理】

当物质的物理状态发生变化（如结晶、熔融或晶型转变等）或者起化学反应，往往伴随着热学性能，如热焓、比热容、导热系数的变化。差示扫描量热法就是通过测定其热性能的变化来表征物质的物理或化学变化过程的。目前，常用的差示扫描量热仪分为两类：一类是功率补偿型 DSC，如 Perkin-Elmer 公司生产的各种型号的 DSC；另一类是热流型 DSC，如德国耐驰公司生产的 DSC 204 F1 型。

1. 功率补偿型 DSC

图 5.11 为功率补偿型 DSC 的结构。样品和参比物分别放置在两个相互独立的加热器里。这两个加热器具有相同的热容及热导参数，并按相同的温度程序扫描。参比物在所选定的扫描温度范围内不具有任何热效应，因此，记录下来的任何热效应就是由样品变化引起的。

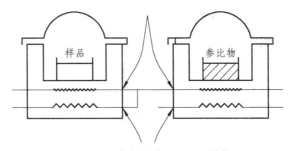

图 5.11　功率补偿型 DSC 结构

功率补偿型 DSC 的工作原理建立在"零位平衡"原理之上，可以把 DSC 仪的热分析系统分为两个控制环路：其中一个环路作为平均温度控制，以保证按预定程序升高（或降低）

样品和参比物的温度；第二个环路的作用是保证当样品和参比物之间一旦出现温度差（由于样品的放热反应或吸热反应），能够调节功率输入以消除其温度差，这就是零位平衡原理。通过连续不断地自动调节加热器的功率，可以使样品池温度和参比物池温度保持相同。这时，可输出一个以与输入样品的热流和输入参比物的热流之间的差值成正比的信号 dH/dt 为纵坐标、时间或温度为横坐标的 DSC 谱图。

2. 热流型 DSC

热流型 DSC 的热分析系统与功率补偿型 DSC 的差异较大，如图 5.12 所示，样品和参比物同时放在同一康铜片上，并由一个热源加热。康铜片的作用是给样品和参比物传热及作为测温热电偶的一极。铬镍合金线与康铜片组成的热电偶记录样品和参比物的温差，而镍铝合金线和铬镍合金线组成的热电偶测定样品的温度。可见，热流型 DSC 的热分析系统实际上测定的是样品与参比物的温度差。显然，热流型 DSC 不能直接测定样品的热焓变化。若要测定样品的热焓，需要利用标准物质进行标定，求出温差与热焓之间的换算关系后，才能求出热焓值。新型的热流型 DSC 仪都带有计算机分析系统，使换算过程简便易行，仪器精度和分辨率都有提高。

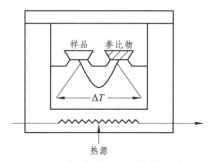

图 5.12　热流型 DSC 结构示意图

【仪器与试剂】

1. 仪　器

德国耐驰公司生产的差示扫描量热仪，如图 5.13 所示。

图 5.13　德国耐驰公司 DSC 204 F1 型差示扫描量热仪

DSC 204 F1 提供液氮、机械制冷、空气压缩与冷却杯 4 种不同的冷却方式。使用新型的机械冷却系统，能够覆盖从 – 85 ~ 600 ℃ 的测量温度范围。当然，如果选用液氮冷却系统（LN₂），能够使测量拥有更宽广的温度范围，从 – 180 ~ 700 ℃。

2. 试 剂

PMMA。

【实验步骤】

1. 制 样

取 3～10 mg 的样品放在铝皿中，盖上盖子，用卷边压制器冲压即可。除气体外，固态、液态或黏稠状样品均可用于测定。装样时尽可能使样品均匀、密实地分布在样品皿中，以提高传热效率，降低热阻。

2. 校 正

仪器在刚开始或使用一段时间后需进行基线、温度和热量校正，以保证数据的准确性。

（1）基线校正

在所测的温度范围内，当样品池和参比池都未放任何东西时，进行温度扫描，得到的谱图应是一条直线，如果有曲率或斜率，甚至出现小吸热或放热峰，则需要调整仪器和清洗炉子，使基线平直。

（2）温度和热量校正

做一系列标准纯物质的 DSC 曲线，然后与理论值进行比较，并进行曲线拟合，以消除仪器误差。

3. 测 试

打开 N$_2$ 保护，启动 DSC 仪的电源，稳定 10 min 后，将样品放在样品室中。运行 DSC 仪监控程序，设定各种参数，进行测定。具体步骤如下：

（1）打开测量软件，点击"文件"菜单下的"新建"，弹出"DSC 204 F1 测量参数"对话框（图 5.14）。

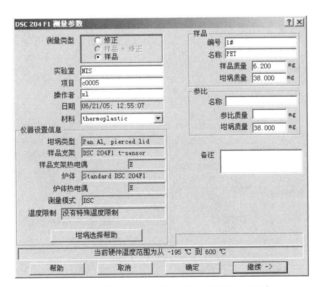

图 5.14 "DSC 204 F1 测量参数"对话框

在该对话框中输入样品名称、编号、重量、所使用的气体及其流量等参数。其中必填的是测量类型、样品名称、样品编号与样品重量 4 项。测量类型包括"修正""样品＋修正"与"样品"三类，对于常规的 DSC 204 F1 测试，一般选"样品"即可。样品质量最好精确到 0.01 mg，其他的参比质量、坩埚质量等对测试没有影响，均可留空不填，或填一个大致数字即可。

填写完毕后点击"继续"，进入其下的设定步骤。

（2）选择温度校正文件（图 5.15）。

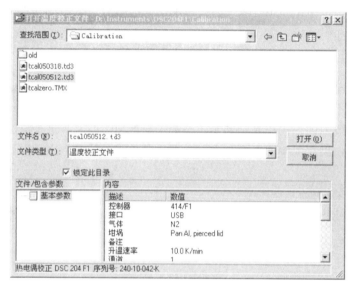

图 5.15　温度校正

选择温度校正文件，点击"打开"。

（3）选择灵敏度校正文件（图 5.16）。

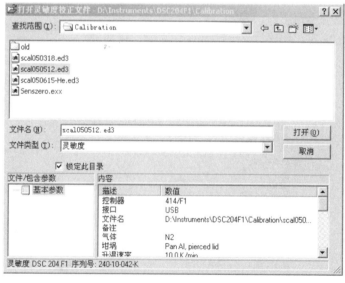

图 5.16　灵敏度校正

选择灵敏度校正文件，点击"打开"。随后进入下面的温度程序编辑界面。

（4）设定温度程序（图 5.17）。

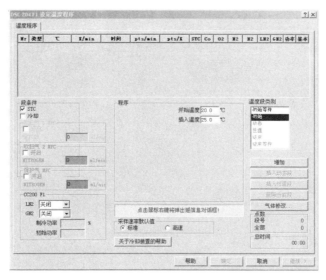

图 5.17　温度程序设置界面

编辑温度程序，使用右侧的"温度段类别"列表与"增加"按钮逐个添加各温度段，并使用左侧的"段条件"列表，为各温度段设定相应的实验条件（如气体开关、气体流量、是否使用冷却设备、是否使用 STC 模式进行温度控制等）。已添加的温度段显示于上侧的列表中，如需编辑修改，可直接鼠标点入，如需插入/删除，可使用右侧的相应按钮。

例如，需要设定如下温度程序：25 °C，10 K/min，N_2，300 °C，则先将"开始温度"处改为 25，将吹扫气 2（假设接的是 N_2）和保护气的"开启"处打钩，气体流量可在相应输入框中设定，一般吹扫气设为 20 mL/min，保护气设为 70 mL/min。点击"增加"，"温度段类别"自动跳到"动态"，设定界面变为图 5.18 所示。

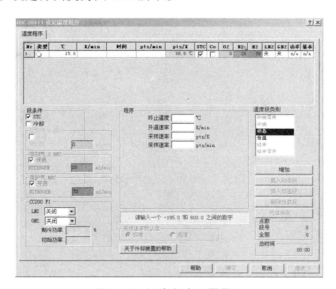

图 5.18　温度程序设置界面

在"终止温度"处输入 300，"升温速率"处输入 10，采样速率可使用默认值，点击"增加"，再在"温度段类别"处选择"结束"，界面变为图 5.19 所示。

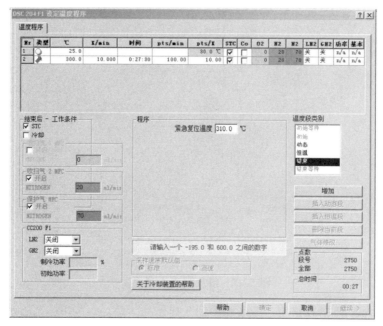

图 5.19　温度程序设置界面

"紧急复位温度"与温控系统的自保护功能有关，指的是万一温控系统失效，当前温度超出此复位温度时系统会自动停止加热。该值一般使用默认值（终止温度 + 10 ℃）。如果配备了空气压缩机，需要在实验完成后自动打开空气压缩机进行冷却，可在"冷却"（Co）上打钩。然后再点击"增加"，界面变为图 5.20 所示。

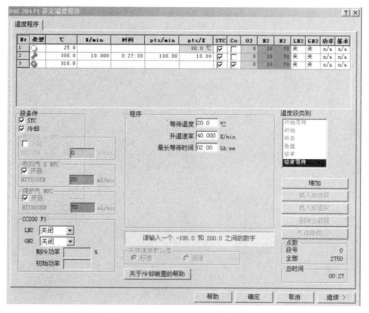

图 5.20　温度程序设置界面

此时温度程序的编辑已经完成，"结束等待"段一般不必设置。

如果需要对上述设置进行修改，可直接在温度程序设置界面上侧的"温度程序"列表中点入编辑。如果没有其他改动，至此完成测试前的参数设置，按"继续"，进入下一步，在出现的对话框中选择文件路径，并输入要保存的文件名，点击"保存"后即开始进行测试。

测试程序界面如图 5.21 所示。

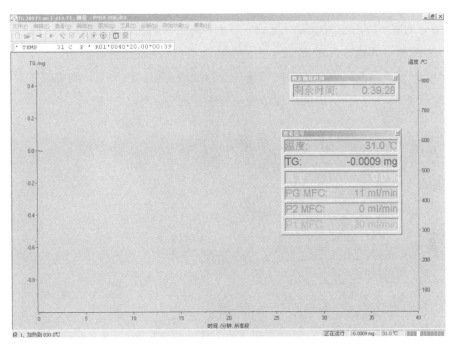

图 5.21　测试程序界面

若测量已完成，点击"运行分析程序"，软件将自动载入新生成的数据文件进行分析。以下以 PET 的玻璃化转变为例，讲解如何对 DSC 的测量结果进行分析（图 5.22）。

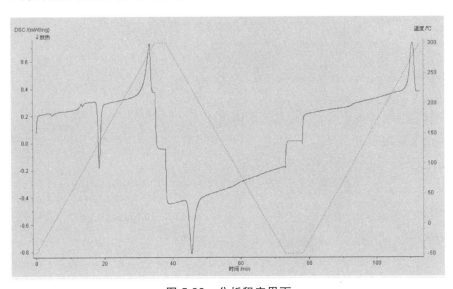

图 5.22　分析程序界面

刚调入分析软件中的谱图默认的横坐标为时间。对于动态升温测试，一般习惯在温度坐标下显示，可点击"设置"坐标下的"X-温度"或工具栏上的相应按钮，将坐标切换为温度坐标。

标记 T_g 转变，首先点击选中待标注的曲线（曲线变白，表示被选中），随后点击"分析"菜单下的"玻璃化转变"或工具栏上的相应按钮。图中出现两条黑色的标注线，以及一条蓝色的 DSC 微分曲线。将左右两条黑线拖到合适的位置（玻璃化转变的左右两侧，或微分曲线上相应峰左右两侧平的地方），在所需标注的参数左侧打钩（此处选择起始点、中点与比热变化。大多数文献报道一般以中点作为玻璃化转变温度的表征，比热变化则表征了玻璃化转变的强烈程度），点击"应用"，即会出现玻璃化转变标注，如图 5.23 所示。

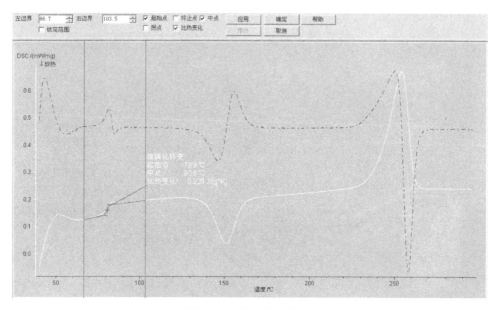

图 5.23　分析程序界面

【思考题】

玻璃化转变的本质是什么？有哪些影响因素？

上述 4 个实验约需 16 学时。

实验 5.10　苯乙烯阳离子聚合综合实验

实验 1　苯乙烯的精制

【实验原理】

常规单体的精制方法为先碱洗，后蒸馏，目的在于除去单体中的杂质。根据聚合路线、方法，引入杂质（阻聚剂）是为运输中防止自聚。所以，使用单体前必须除去阻聚剂。通常先酸洗或碱洗。其中阻聚剂是苯酚类、叔丁基类、胺类、硝基类等的，用碱洗。此实验用 NaOH（10% ~ 20%）碱液，将粗苯乙烯溶解在其中，由于苯乙烯呈油状，与水分界，此操作可以在分液漏斗进行。接着使用去离子水洗涤，目的是除去 NaOH 溶液残留。然后进行减压蒸馏，减压的目的是降低苯乙烯的沸点。苯乙烯的沸点为 145.2 ℃，采用减压，减低沸点，是为了防止自聚苯乙烯在高温下自发反应。蒸馏的目的是使产品更纯。

表 5.3　苯乙烯的沸点与压力关系

沸点/℃	18	30.8	44.6	59.8	69.5	82.1	101.4	122.6	145.2
压力/kPa	0.67	1.33	2.66	6.32	7.98	13.3	26.6	53.3	101.0
压力/mmHg	5	10	20	40	60	100	200	400	760

【仪器与试剂】

1. 仪　器

分液漏斗（250 mL），减压蒸馏装置，铁架台，水浴锅，烧杯（500 mL）等。

2. 试　剂

苯乙烯（化学纯），NaOH（10% ~ 20%），去离子水。

【实验步骤】

（1）安装减压蒸馏装置，注意安装顺序，检查装置的气密性。

（2）将粗苯乙烯溶解在 NaOH 溶液中，再用烧杯注入分液漏斗中，配合烧杯进行多次操作。

（3）将获得的提取液进行减压蒸馏，开启冷凝水，控制压力减压蒸馏。要注意控制温度和压力的变化，所获得的产物沸点与压力呈对应关系，查表即可得。

（4）当达到要求时，小心转动接液管，收集溜出液，直至蒸馏结束。

（5）蒸馏完毕，撤去热源，待体系稍冷后，慢慢打开毛细管上的螺旋夹子，并渐渐打开二通活塞，缓慢解除真空，使体系内压力与外界压力平衡后方可关闭抽压装置。最后关上冷凝水。

注意： 拆卸顺序要正确。

【思考题】

（1）为何要采用减压蒸馏来精制苯乙烯？

（2）在减压蒸馏时为何用水浴锅加热而不是直接加热？

（3）实验时应注意哪些问题？

实验 2 　苯乙烯阳离子聚合

【实验原理】

阳离子型聚合是用酸性催化剂所生成的阳离子，使单体形成离子，然后通过阳离子形成大分子。苯乙烯在 $SnCl_4$ 作用下进行阳离子聚合，其基元反应如下。

（1）链的引发

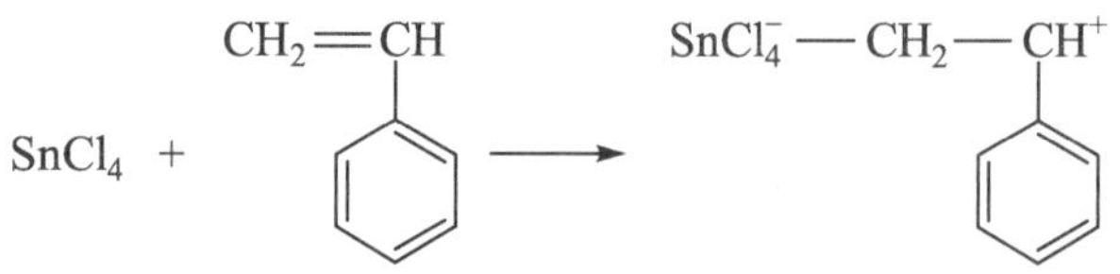

（2）链的增长

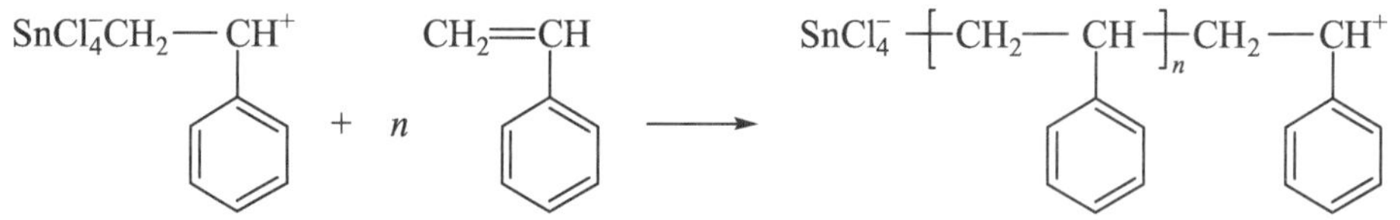

（3）链的终止

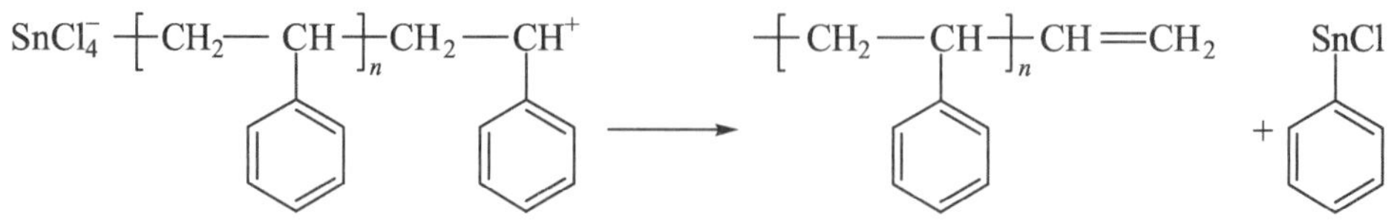

在这一反应中，聚合的初速率的平方与 $SnCl_4$ 的浓度成正比，而与催化剂的浓度无关。反应进行得很剧烈，必须使用溶剂，催化剂应逐渐加入，苯乙烯的浓度不应超过 25%。

【仪器与试剂】

1. 仪 器

水浴锅，电炉，三口瓶，温度计，搅拌装置，冷凝管，液封，滴管。

2. 试 剂

苯乙烯（干燥的，新蒸馏过的）35 g，$SnCl_4$（干燥的，真空蒸馏过的）0.8 g，CCl_4（干燥的）100 mL，甲醇或乙醇（工业）500 mL。

【实验步骤】

在三口瓶中加入 100 mL 四氯化碳和 35 g 新蒸馏的苯乙烯。烧瓶放入水浴中，开动搅拌器，用滴管逐步加入 $SnCl_4$ 0.8 g，经过一定时间的诱导期之后开始聚合。调节水浴温度，使温度稳定在 25 ℃ 以下进行聚合，聚合反应 3 h 以后，将聚合物溶液在大量的醇溶液中进行沉淀，然后在布式漏斗中进行分离。聚合物用醇洗涤多次，在空气中进行初步干燥后，在真空烘箱（60~70 ℃）干燥至质量恒定。

【思考题】

为什么所用的原料必须是干燥的？

实验 3　GPC 测聚苯乙烯的分子量分布

【实验原理】

凝胶渗透色谱（GPC）是一种特殊的液相色谱，所用仪器实际上就是一台高效液相色谱（HPLC）仪，主要配置有输液泵、进样器、色谱柱、浓度检测器和计算机数据处理系统。

GPC 与 HPLC 最明显的差别在于二者所用色谱柱的种类（性质）不同：HPLC 根据被分离物质中各种分子与色谱柱中的填料之间的亲和力不同而加以分离，GPC 的分离则是体积排除机理起主要作用。

GPC 色谱柱装填的是多孔性凝胶（如最常用的高度交联聚苯乙烯凝胶）或多孔微球（如多孔硅胶和多孔玻璃球），它们的孔径大小有一定的分布，并与待分离的聚合物分子尺寸可相比拟。

GPC 仪工作流程如图 5.24 所示。

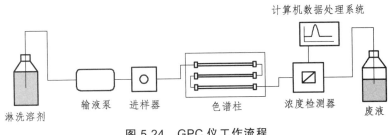

图 5.24　GPC 仪工作流程

浓度检测器不断检测淋洗液中高分子级分的浓度。常用的浓度检测器为示差折光仪，其浓度响应是淋洗液的折光指数与纯溶剂（淋洗溶剂）的折光指数之差，由于其在稀溶液范围内与溶液浓度成正比，所以直接反映了淋洗液的浓度，即各级分的含量。图 5.25 是典型的GPC 谱图。

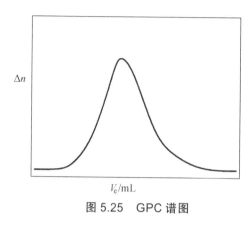

图 5.25　GPC 谱图

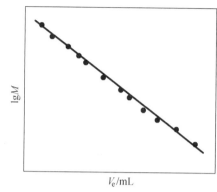

图 5.26　GPC 校正曲线

图 5.25 中纵坐标相当于淋洗液的浓度，横坐标淋出体积 V_e 表征高分子尺寸的大小。

如果把图 5.25 中的横坐标 V_e 转换成分子量 M，就成了分子量分布曲线。为了将 V_e 转换成 M，要借助 GPC 校正曲线。实验证明，在多孔填料的渗透极限范围内，V_e 和 M 有如下关系：

$$\lg M = A - BV_e$$

式中　A、B——与聚合物、溶剂、温度、填料及仪器有关的常数。

用一组已知分子量的单分散性聚合物标准试样，在与未知试样相同的测试条件下测量，得到一系列 GPC 谱图，以它们的峰值位置的 V_e 对 $\lg M$ 作图，可得如图 5.26 的直线，即 GPC 校正曲线。

有了校正曲线，即可根据 V_e 读出相应的分子量。一种聚合物的 GPC 校正曲线不能用于另一种聚合物，因而用 GPC 测定某种聚合物的分子量时，需先用该种聚合物的标样测定校正曲线。但是除了聚苯乙烯、聚甲基丙烯酸甲酯等少数聚合物的标样以外，大多数聚合物的标样不易获得，多数时候只能借用聚苯乙烯的校正曲线，因此测得的分子量 M 值有误差，只具有相对意义。

用 GPC 方法不但可以得到分子量分布，还可以根据 GPC 谱图求算平均分子量和多分散系数，特别是现在的 GPC 仪都配有数据处理系统，可与 GPC 谱图同时给出各种平均分子量和多分散系数，无须人工处理。

【仪器与试剂】

1. 仪　器

Waters 1515 等度 HPLC 泵 + Waters 2414 折射率检测器，样品瓶，注射器。实验装置见图 5.27。

图 5.27　Waters-Breeze GPC 仪

2. 试　剂

聚合物样品（聚苯乙烯），四氢呋喃（流动相）。

【实验步骤】

（1）溶剂准备；

（2）仪器开机；

（3）仪器温度条件化，仪器 RI 检测器条件化；

（4）样品制备；

（5）编辑样品测试程序；

（6）样品测试；

（7）数据处理；

（8）仪器转入低流速的恒温状态（此时"pump"的流速设定为 0.1 mL/min）；

（9）仪器降温及关机：当"pump"的流速为 0.1 mL/min 时开始降温，当柱温低于 30 ℃时，可以使仪器进入"standby"状态，关闭仪器电源。

【注释】

（1）为延长柱子使用寿命，在样品溶解后，可以将样品进行过滤，防止有不溶凝胶阻塞柱头。

（2）样品浓度不要太大，一般控制在 1%左右。

（3）样品注射后，等待 10 s 以后再拔针。

【思考题】

（1）GPC 测定分子量的方法属于什么方法？

（2）影响凝胶渗透色谱数据置信度的因素有哪些？

上述 3 个实验约需 12 学时。

实验 5.11　丙烯酸酯乳液的制备及性能表征

以聚丙烯酸酯共聚乳液为基料配制的乳液涂料，俗称乳胶漆，诞生于 20 世纪 70 年代中后期，具有与传统墙面涂料不同的众多优点，如易于涂刷、干燥迅速、漆膜耐水、耐擦洗性好等。

【实验原理】

乳液聚合是以水为分散介质，单体在乳化剂的作用下分散，并使用水溶性引发剂引发单体聚合的方法，所生成的聚合物以微细的粒子状分散在水中，形成乳液。

乳化剂的选择对稳定的乳液聚合十分重要，它可降低溶液表面张力，使单体容易分散成小液滴，并在乳胶粒表面形成保护层，防止乳胶粒凝聚。常见的乳化剂分为阴离子型、阳离子型和非离子型三种，一般多为阴离子型和非离子型配合使用。

乳液聚合通常在装备回流冷凝管的搅拌反应釜中进行：加入乳化剂、引发剂、水溶液和单体后，一边搅拌，一边加热便可制得乳液。乳液聚合温度一般控制在 70 ~ 90 ℃，pH 为 2 ~ 6。由于丙烯酸酯聚合反应放热较大，反应温度上升显著，一次投料法要想获得高浓度的稳定乳液比较困难，所以一般采用分批加入引发剂或单体的方法。

【仪器与试剂】

1. 仪　器

机械搅拌器，球型冷凝管，四口烧瓶（500 mL），滴液漏斗（100 mL），恒温水槽，温度计，NDJ 旋转黏度计，烘箱，固定夹若干。

2. 试　剂

丙烯酸丁酯（BA），甲基丙烯酸甲酯（MMA），丙烯酸（AA），以上单体使用时需除去阻聚剂。壬基酚聚氧乙烯醚（OP-10），十二烷基硫酸钠（SDS），过硫酸铵（AP），过硫酸钾（KPS），氨水，均为分析纯。广泛 pH 试纸。

聚丙烯酸酯乳液配方如表 5.4 所示：

表 5.4　聚丙烯酸酯乳液实验配方

试剂名称	单体用量/g	试剂名称	单体用量/g
BA	17 ~ 30	SDS	1.0
MMA	30 ~ 17	AP	0.4
AA	1.5	KPS	0.4
OP-10	1.0	去离子水	90

【实验步骤】

1. 乳液的制备

（1）实验前用减压蒸馏法除去丙烯酸丁酯等单体中的阻聚剂，然后进行聚合。

（2）聚合工艺：在装有电动搅拌器、球型冷凝管和温度计的四口烧瓶中加入适量的去离子水和乳化剂，加热搅拌，温度控制在 60 ~ 70 ℃，待乳化剂充分溶解后，再加入 1/5 的混合单体进行预乳化 0.5 h。升温至 65 ~ 70 ℃，再将 1/4 的引发剂溶液（质量分数 5%）加入四口烧瓶中，在 80 ℃ 左右反应，然后在 2.5 ~ 3 h 内滴加完剩余的单体和引发剂溶液。升温至 85 ~ 90 ℃ 并保温 0.5 h，可适当补加少量引发剂以使残余单体反应完全，最后降温到 50 ℃ 左右，用氨水调节 pH 至 7 ~ 8，出料，将生成的乳液经纱布过滤，倒出。

（3）改变单体配比、相比（单体与水的质量之比）、乳化剂配比、引发剂用量，重复上述步骤（2）。

2. 乳液的物理性质测试

（1）观察样品的颜色、状态、均匀性等物理性状。

（2）乳液固含量的测定。将干燥洁净的小烧杯在 105 ℃ 左右的烘箱内烘至质量恒定，即前后两次称量质量差不大于 0.01 g，准确称取 1.5 ~ 2.0 g 乳液试样，在 60 ℃ 烘干后再升温至 110 ℃ 烘至质量恒定。每次实验平行测定两个试样，乳液固含量 G 按下式计算：

$$G(\%) = \frac{m_2 - m}{m_1 - m} \times 100\%$$

式中　m——小烧杯质量；

　　　m_1——烘干前试样与小烧杯质量；

　　　m_2——烘干后试样与小烧杯质量。

（3）采用 NDJ 型旋转黏度计测定黏度。

（4）将一定量的乳液用增力电动搅拌器高速搅拌，搅拌时间为 0.5 h，观察乳液是否出现分层现象，用以测定其机械稳定性；将 10 mL 乳液加到 40 mL 去离子水中，用玻璃棒轻轻搅拌均匀，密封后静置 48 h，观察其是否分层或破乳，用以测定稀释稳定性。

（5）成膜性测试。将乳液小心地倒在干净的玻璃板上，使其均匀平铺，在室温下自然干燥 2 h，观察膜的表面情况，用以确定成膜性。

（6）用广泛 pH 试纸测定乳液 pH。

【思考题】

不同单体配比、相比（单体与水的质量之比）、乳化剂配比、引发剂用量等因素对乳液稳定性等性能有何影响？

实验 5.12　吸附食品油烟多孔丙烯酸酯树脂的合成及表征

食品油烟危害大，人们发明了不少的治理方法，其中吸附法是常见方法之一。由于多孔树脂只要组分及结构控制合理，不仅具有良好的物理吸附，而且同时具有良好的化学吸附，可快速大容量吸附，常用于油污染（如煤油等）环境治理中，但应用多孔树脂治理油烟的文献报道较少。

制备树脂的方法较多，如乳液聚合、悬浮聚合、本体聚合、溶液聚合、界面缩聚等。多孔树脂的致孔技术也较多，如发泡法、致孔剂法、相分离方法等。本实验合成的树脂应用对象为食品油烟，并设计适宜的表征方法。

【实验目的】

本实验旨在培养学生获取知识的能力、独立思考能力、创新能力、实际动手能力，因此实验内容具有研究性和创新性，指导教师只把握方向，不给出实验指导书。学生在给定任务的前提下，通过审题、查阅文献，拟订实验方案，完成实验，进行数据处理，撰写实验报告。

【实验要求】

本实验对学生的具体要求如下。

1. 预习部分

（1）完成文献综述一篇。

（2）提炼本实验的原理、拟解决的关键问题（技术）。

（3）在文献基础上，设计实验方案（含实验配方、操作方法等）。

（4）拟订实验药品（规格、用量），实验装置、仪器等。

（5）拟订实验结果的表征方法。

2. 实验部分

搭建实验装置，进行实验操作，记录数据。

3．实验报告

（1）实验目的。

（2）实验原理。

（3）实验配方及药品要求。

（4）实验装置图。

（5）实验方法（步骤）。

（6）实验记录、数据处理。

（7）实验结果与讨论（重点内容）。

参考文献

[1] 赵文宽，张悟铭，王长发，等. 仪器分析实验[M]. 北京：高等教育出版社，1997.

[2] 张济新，孙海霖，朱明华. 仪器分析实验[M]. 3 版. 北京：高等教育出版社，2000.

[3] 杨万龙，李文友. 仪器分析实验[M]. 北京：科学出版社，2008.

[4] 陈国松，陈昌云. 仪器分析实验[M]. 南京：南京大学出版社，2009.

[5] 田金改，石上梅. 氢化物发生——原子荧光法测定中成药中微量砷含量[J]. 中国药事，1996，01.

[6] 胡晓翠. 原子荧光法测定中成药中的砷[J]. 广州化工，2010，05.

[7] 傅生会. 离子色谱法同时测定饮用水中的五种无机阴离子[J]. 环境科学技术，2013，36（6）：265-267.

[8] 张晋洁. 离子色谱法对生活饮用水中氟、氯、硫酸根、硝酸根阴离子的测定[J]. 山西农业科学，2007，35（11）：81-82.

[9] 周元俊，谢自力. 薄膜材料研究中的 XRD 技术[J]. 微纳电子技术，2009，2：9-15.

[10] 刘淮，黄理. 小角度 XRD 的实现与应用[J]. 光谱学与光谱分析，2011，10：89-95.

[11] 王清廉，沈凤嘉. 有机化学实验[M]. 3 版. 北京：高等教育出版社，2010.

[12] 麦禄根. 有机合成实验[M]. 北京：高等教育出版社，2002.

[13] 蔡炳新，陈贻文. 基础化学实验. 北京：科学出版社，2001.

[14] 惠春. 药物化学实验[M]. 3 版. 北京：中国医药科技出版社，2007.

[15] 张海波，夏春兰. 离子液体的制备与性质表征[J]. 大学化学，2011，26（5）：57-61.

[16] 张红，罗斯泰. 无溶剂微波辐射醋酸铵催化合成肉桂酸[J]. 香料香精化妆品，2005，6（3）：11-15.

[17] 郭睿. 化学工程与工艺专业实验[M]. 北京：化学工业出版社，2010.

[18] 南京大学. 化学化工创新性实验[M]. 南京：南京大学出版社，2010.

[19] 尹卫平，张玉清. 化学工程与工艺实验技术[M]. 北京：化学工业出版社，2007.

[20] 强亮生，王慎敏. 精细化工综合实验[M]. 哈尔滨：哈尔滨工业大学出版社，2002.

[21] 王永红. 综合化学实验[M]. 杭州：浙江大学出版社，2009.

[22] 郑旭煦，陈盛明. 化学工程与工艺专业实验[M]. 北京：科学出版社，2014.

[23] 郑豪. 新编普通化学实验[M]. 北京：科学出版社，2005.

[24] 程青芳. 有机化学实验[M]. 南京：南京大学出版社，2006.

[25] 张小林. 化学实验教程[M]. 北京：化学工业出版社，2006.

[26] 王红云. "肥皂的制备"实验设计的改进研究[J]. 化工设计通讯，2010，36（4）：57-58.

[27] 张开诚. 化学实验教程[M]. 武汉：华中科技大学出版社，2014.

[28] 李浙齐. 精细化工实验[M]. 北京：国防工业出版社，2009.

[29] 韩哲文. 高分子科学实验[M]. 上海：华东理工大学出版社，2005.

[30] 潘祖仁. 高分子化学[M]. 5版. 北京：化学工业出版社，2011.

[31] 何卫东. 高分子化学实验[M]. 合肥：中国科学技术大学出版社，2002.

[32] 丁社光，陈盛明，秦礼红，等. 吸附烹饪油烟丙烯酸酯树脂的研制[J]. 塑料工业，2010，38（1）：76-79.

[33] 雷群芳. 中级化学实验[M]. 北京：科学出版社，2005.

[34] 傅敏，王崇均. 基础化学实验[M]. 北京：科学出版社，2013.

[35] 曾昭琼，曾和平. 有机化学实验[M]. 3版. 北京：高等教育出版社，2000.